AF550486

Lorenz Heer

Der Weißstorch

Lorenz Heer

Der Weißstorch

Ein Zugvogel im Wandel

Text, Illustrationen und Fotos: Lorenz Heer

Unter Mitarbeit von Renata Gugelmann und Heidi Ammann sowie weiteren Mitarbeiter:innen des Infozentrums Witi Altreu

Haupt Verlag

Lorenz Heer ist Biologe und schloss sein Studium am Zoologischen Institut der Universität Bern mit einer Doktorarbeit über die Alpenbraunelle ab. Heute ist er Geschäftsführer von Pro Natura Bern. Seit seiner Kindheit interessiert er sich für die Vögel und für ökologische Zusammenhänge. Er ist in einer Nachbargemeinde des Storchendorfes Altreu aufgewachsen und kennt daher den Weißstorch seit jeher. Lorenz Heer widmet sich zudem intensiv der Natur- und Landschaftsfotografie. Er schloss das Fernstudium *Complete Course in Professional Photography* am *New York Institute of Photography* erfolgreich ab.

Lorenz Heer fasst für dieses Buch den aktuellen Stand der Forschung aus der zahlreichen Literatur über den Weißstorch zusammen. Zusätzlich erfasste er auch selbst zahlreiche wissenschaftliche Daten zur Brutbiologie, zur Nahrungsökologie und zum Verhalten in Brutkolonien. Sämtliche wissenschaftlichen Angaben und Texte in diesem Buch wurden von Lorenz Heer sorgfältig und nach bestem Wissen erarbeitet. Für Fehler und allfällige fehlerhafte Interpretationen übernimmt der Autor keine Verantwortung.
Bei sämtlichen Fotografien handelt es sich um originale Naturfotos. Die Bilder auf den Seiten 55 unten, 90, 96, 105, 107, 109, 111, 121, 136 und 137 entstanden im Zoologischen Garten Basel.

Inhalt

Vorwort 7

1| Merkmale und Gefiederwechsel 11
Merkmale 13
Der «Klapperstorch» 16
Perfekter Segler 24
Staffelmauser 26

2| Verbreitung, Vorkommen und Bestandsentwicklung 29
Verbreitung: von Europa bis Afrika 31
Bestandsentwicklung in Mitteleuropa 31
Bestandsentwicklung in Osteuropa 41

3| Lebensraum und Habitatansprüche 43
Bewohner wilder Flusslandschaften 45
Der Weißstorch als Kulturfolger 48
Jäger und Sammler 50
Nahrung: alles, was kreucht und fleucht 54
Nahrungssuche während der Brutzeit 56

4| Horstbesetzung und Paarbildung 63
Ankunft im Brutgebiet 65
Erbitterte Horstkämpfe 68
Brüten in der Kolonie oder solitär? 70
Neststandorte 71
Bindung an den Horst und Paarbildung 78
Nistmaterial 84

5| Vom Gelege zu den ersten Flugversuchen 89
Monogam oder doch nicht so monogam? 91
Eier und Gelegegröße 97
Bebrüten und Behüten 98
Entwicklung der Nestlinge 100
Fütterungen: Auf die Plätze, fertig … fressen 104
Nesthäkchen 108
Kindstötung im Storchennest 112
Mehr als ein Brutpaar: kooperatives Brüten 114
Nestwechsel von Jungvögeln 116
Erste Flugübungen im Nest 120

6| Jugendjahre 123
Jungstörche sind nicht untätig 125
Störenfriede 128
Schlafplätze 132

7| Bruterfolg oder Brutverlust? 135
Einflussfaktoren auf den Bruterfolg 137
Gefahren in den ersten Lebensmonaten 142
Strategien bei Nahrungsknappheit 146
Sonntag ist Ruhetag 155
Gefährliches erstes Lebensjahr 157

8| Der Zug der Weißstörche 159
Perfekter Langstreckenzieher 161
Westzieher 166
Ostzieher 170
Mittelmeerzieher 174
Zug der Maghreb-Population 175
Spitzensportler mit wenig Reiseproviant 175
Unerfahrene Jungstörche 177
Ein Leben zwischen Wetterextremen 180
Wenn der Zug blockiert ist 183
Sind Ost- oder Westzieher im Vorteil? 183
Gefahren im Überwinterungsgebiet 186
Ein Zugvogel im Wandel 194

9| Nähe zum Menschen – Fluch oder Segen? 203
Todesursachen 205
Plastikmüll 210

10| Die Zukunft des Weißstorchs 217
Landschafts- und Klimawandel 219
Schwierige Zukunft? 221
Schließen der Mülldeponien 226
Auswirkungen des Klimawandels 226
Der Weißstorch – ein Vogel der Gegensätze 232

Anhang 237
Dank 238
Glossar 240
Literaturverzeichnis 242
Register 253

Vorwort

Der Weißstorch – lange Zeit war er Symbol von Reinheit, Treue und Glück sowie Kinderbringer. Dieses romantische Bild des nahe beim Menschen lebenden Weißstorchs beruhte jedoch vielfach auf Wunschvorstellungen und Fehlinterpretationen. So haben etwa die ihm nachgesagte, lebenslänglich monogame Ehe oder die vorbildliche Kinderstube nur wenig mit der Realität zu tun. Neuere Erkenntnisse und die Anwendung moderner Technologien wie Nestkameras, Satellitensender und Vaterschaftsanalysen mittels DNA-Fingerprinting zeigen, dass es der Weißstorch mit der Treue wohl doch nicht so genau nimmt [168]. Verhaltensökologische Studien durchleuchten das kompromisslose Verhalten von Weißstörchen, wenn es um die langfristig beste Fortpflanzungsstrategie mit den kräftigsten Nachkommen geht. Entsprechend lesen sich die Verhaltensweisen des Weißstorchs dann eher wie das Strafregister eines Schwerverbrechers: Kindstötung, Diebstahl, Vaterschaftsbetrug, Prügeleien und Totschlag.

Von kaum einer anderen Vogelart werden so viele Daten gesammelt wie vom Weißstorch. Im europäischen Brutareal sind fast sämtliche Horste bekannt und der Bruterfolg wird in vielen Ländern alljährlich erfasst. Seine Nähe zum Menschen, die störungsfreien Beobachtungsmöglichkeiten, aber auch die Sympathie gegenüber dem Storch und die vielen ehrenamtlichen Storchenfreund:innen tragen zu diesem Wissen bei. Zudem eignet sich der Weißstorch bestens als Spielwiese für den Einsatz technischer Möglichkeiten. Mithilfe einer Videokamera lässt sich ein Nest rund um die Uhr einfach beobachten und wir gewinnen einen detaillierten Einblick in das Brutgeschehen einzelner Paare [193–209]. Auf dem Rücken der Weißstörche können Satellitensender befestigt werden, die mit Solarzellen, Datenspeichern, Positions- und Lagedaten funktionieren [79]. Dadurch können wir diesen Langstreckenzieher bis in unzugängliche Wüstengebiete in Afrika und bis an den Schlafplatz irgendwo zwischen Europa und Südafrika verfolgen [54, 184, 189]. Dies ermöglicht es, Zusammenhänge zu erkennen und Rückschlüsse zu ziehen. Wir erhalten auf diese Weise einen Einblick in den Einfluss des Wetters, die Qualität des Lebensraums oder die Nahrungsgebiete des Weißstorchs.

Es dürfte dem Weißstorch genützt haben, als der Mensch sesshaft wurde und Wald für den Ackerbau rodete. In der Nähe des Menschen fand er auf mit Schilf gedeckten Häusern ideale Bedingungen für den Nestbau. Jedenfalls verewigten Maler auf ihren Gemälden bereits im Mittelalter Storchennester auf Häusern, Kirchen oder Burgen. In Europa genoss der Weißstorch dank

Der Senderstorch mit dem Namen *Lotte* trägt auf dem Rücken einen Satellitensender. Dank der generierten Daten ließ sich sein Lebenslauf ab dem Ausfliegen im Detail verfolgen: von den Wanderungen nach Marokko und Spanien über seine Lieblingsschlafplätze bis zur ersten erfolgreichen Brut in Altreu. *Lotte* wurde im Rahmen des Projektes «SOS Storch» der *Gesellschaft Storch Schweiz* besendert. Dieses wissenschaftlich begleitete Projekt verfolgte zahlreiche besenderte Störche entlang ihrer Zugrouten über Südfrankreich und Spanien nach Westafrika [189].

abergläubischer Vorstellungen Schutz und Förderung durch den Menschen. Dies verhinderte aber nicht, dass seine Bestände um 1900 in vielen Teilen Europas stark abnahmen und er in der Schweiz 1949 ausstarb [17, 20]. Dank eines aufwendigen Aussetzungsprogramms, vorab angeführt von Max Bloesch in Altreu, kehrte der Weißstorch als Brutvogel in die Schweiz zurück [24]. 1976 wurde die *Gesellschaft zur Förderung des Storchenansiedlungsversuches in Altreu* gegründet, heute als *Storch Schweiz* bekannt. Nur dank deren Unterstützung konnten in der Schweiz und im Ausland umfangreiche Aufzuchtstationen aufgebaut werden. Sie legten die weitere Basis für das erfolgreiche Wiedereinbürgerungsprogramm. Die dadurch entstandene Abhängigkeit wild lebender Störche vom Menschen bewirkte jedoch auch ein Umdenken: Zusammen mit deutschen und niederländischen Storchenfachleuten organisierte *Storch Schweiz* 1995 eine Tagung im deutschen Rußheim. Als Resultat verabschiedete man sich von den Aufzuchtstationen und legte den Fokus auf die Förderung des Lebensraumes der Weißstörche [79, 148]. Besonders in den letzten Jahren nahm der Bestand deutlich zu. Heute brüten in der Schweiz über 900 Brutpaare [153]. Der Weißstorch ist auch ein Gradmesser für die vom Menschen geprägte Kulturlandschaft, für den Zustand unserer Umwelt und für die Qualität von Grasland, Weiden, Feuchtwiesen und Ackerland. Als Generalist ernährt er sich von einer Vielzahl von Beutetieren, von kleinen Insekten über Amphibien und Reptilien bis hin zu Nagetieren. Findet der Weißstorch nicht mehr genügend Nahrung, so zeigt das auch den Zustand unserer Biodiversität an.

Der Weißstorch lebt heute in einer verrückten Welt. Nicht nur die Biodiversitätskrise, auch der Klimawandel verändert seinen Lebensraum im Brutgebiet wie auf dem Zug. Der Weißstorch ist eine anpassungsfähige Art. Doch wovon profitiert er und was schadet ihm? Welche Faktoren haben Einfluss auf seinen Bruterfolg, auf seine Bestände oder allgemein auf sein Zugverhalten? Lernen Sie mit diesem Buch den Weißstorch besser kennen und freuen Sie sich, wenn dieser Segelkünstler über Ihnen am Himmel kreist.

Lorenz Heer

Im Licht der untergehenden Sonne fliegt ein Weißstorch über die überschwemmten Save-Auen in Kroatien.

1| Merkmale und Gefiederwechsel

Wer kennt ihn nicht, den Weißstorch? Unverwechselbar mit seinem schwarz-weißen Gefieder, dem roten Schnabel und den roten Beinen, ist er uns wohlbekannt. Der Weißstorch begegnet uns in vielen Kinderbüchern und in zahlreichen Zeitungsberichten, sobald die ersten Störche in ihren Brutgebieten auftauchen oder die Nestlinge beringt werden. Seit jeher fasziniert dieser Segelkünstler uns Menschen und regt unseren Traum vom Fliegen an. Doch was macht ihn aus?

Merkmale

Mit einer Körpergröße von gut einem Meter, einer Flügelspannweite von rund zwei Metern und einem Gewicht von 2,7 bis 4,4 Kilogramm gehört der Weißstorch zu den größten Vögeln Europas. Mit seinem charakteristischen schwarz-weißen Federkleid, dem roten Schnabel und den roten Beinen ist er zudem leicht erkennbar. Bereits beim Ausfliegen ähneln die Jungen den Altstörchen, auch wenn der Schnabel noch schwarze Bereich aufweist, das Weiß des Körpergefieders gräulich angehaucht ist und die Schwingen mehr braunschwarz sind [60].

Der Weißstorch ist mit seinem schwarz-weißen Gefieder, seinem auffallend roten Schnabel und seinen roten Beinen unverkennbar.

Zum Zeitpunkt des Ausfliegens sehen die Jungstörche schon ähnlich wie die Altvögel aus. Das Gefieder ist aber noch etwas lockerer und der Schnabel ist weniger kräftig rot und weist schwärzliche Bereiche auf.

Männchen und Weibchen sind schwer zu unterscheiden. Der Schnabel der Männchen ist durchschnittlich länger. Männchen sind mit 2,9 bis 4,4 Kilogramm im Schnitt auch größer und schwerer als Weibchen mit 2,7 bis 3,9 Kilogramm [60]. Am besten gelingt eine Bestimmung im Direktvergleich: Hier im Bild ist das Weibchen links und das Männchen rechts zu sehen.

So unverwechselbar Weißstörche als solche sind, so schwierig ist die Bestimmung des Geschlechts. Männchen und Weibchen ähneln sich so stark, dass sie sich im Feld nur schwer bestimmen lassen. Folgende Merkmale und Verhaltensweisen geben einen Hinweis auf das Geschlecht [50, 51, 60]:

- Männchen und Weibchen unterscheiden sich in der Schnabelform. Der Schnabel der (älteren) Männchen ist oft klobiger als der Schnabel der Weibchen, insbesondere ist der Ansatz höher. Bei Männchen ist zudem die untere Kante des Unterschnabels im vorderen Drittel leicht geknickt und aufwärtsgebogen. Bei Weibchen ist der Schnabel feiner und der Unterschnabel geradliniger.
- Beim Abwehrklappern schlagen die Weißstörche mit ihren Flügeln auf und ab, was als «Pumpen» bezeichnet wird. Hierbei zeigen Männchen eine größere Amplitude; bei ihnen berührt die Flügelspitze fast den Untergrund. Weibchen schlagen mit ihren Flügeln weniger weit nach unten.
- Eine sichere Geschlechtsbestimmung erlaubt eine Paarung, sofern der gesamte Ablauf vollzogen wird. Das Männchen steigt auf den Rücken des Weibchens, wodurch die Geschlechtszuordnung eindeutig ist. Bisweilen kommt es bei den Weißstörchen jedoch zu kurzem Aufsitzen, bei dem die Geschlechterrollen vertauscht sind.

Der «Klapperstorch»

Beim Klappern werfen die Weißstörche den Kopf zurück auf den Rücken.

Das Klappern ist zweifellos eines der auffälligsten Merkmale des Weißstorchs. Dieser Instrumentallaut entsteht durch rasches Aufeinanderschlagen von Ober- und Unterschnabel. Bereits zur Zeit Cäsars, um 50 v. Chr., nahm der Römer Publilius Syrus darauf Bezug und bezeichnete den Storch als «crotalistria», was so viel wie Kastagnettentänzerin bedeutet [139].

Der Weißstorch nutzt das Klappern zur Kommunikation, zum Beispiel zur Begrüßung des Partners, zur Abwehr von Artgenossen und zum Warnen vor Greifvögeln. Die Frequenz beträgt hierbei etwa 8 bis 12 Klapperlaute pro Sekunde und eine Klapperstrophe dauert gewöhnlich bis zu 10 Sekunden. Während einer Klapperphase senkt der Weißstorch den Kopf mehrmals nach vorne unten und wirft ihn dann zurück auf den Rücken. Die Kehlhaut wird dabei zur Resonanzvergrößerung gespannt, indem das Zungenbein nach unten gedrückt wird [13, 60, 79].

Nebst dem auffälligen Klappern macht der Weißstorch verschiedene andere Laute. Ihm fehlen jedoch der Stimmkopf (Syrinx) und Stimmbänder. Darum ist es dem Storch nicht möglich, zu singen oder unterschiedliche Rufe zu artikulieren. Der Weißstorch kann aber durchaus unterschiedliche Zisch-, Rülps- und Jaullaute von sich geben [13, 60, 79].

- **Zischlaut:** Der einzige Kehllaut des Weißstorchs ist ein Zischlaut, der als Einleitung vor dem Zischklappern ausgestoßen wird, seltener als einzelne Lautäußerung. Es tönt wie *hahichchchch*, *chschschschi* oder *hichchch*.
- **Ächzlaute:** Während der Paarung geben Weißstörche teilweise kurze ächzende Laute wie *chech* von sich.
- **Bettelruf von Nestlingen:** Nestlinge geben einen heiseren, jaulenden oder miauenden Bettellaut von sich, der wie *hiiäh* oder *wijuäh* klingt. Besonders gegen Ende der Nestlingszeit und in der Abenddämmerung sind die Rufe sehr gut zu hören, was in Kolonien zu einem regelrechten Jaulkonzert führen kann.
- **Rülpslaute von Nestlingen:** Jüngere Nestlinge geben leise grunzende oder rülpsende Laute von sich: *echä echä chrä*.

Klappern ist nicht gleich Klappern

Der Weißstorch kennt keine eigentliche Balz und hat keinen Gesang. Das auffällige Klappern mit dem Schnabel dient der Kommunikation, beispielsweise zur Paarbindung oder Feindabwehr. Je nach Situation und Funktion unterscheiden sich auch die Körperbewegungen während des Klapperns. Aber nicht in jedem Fall ist der genaue Zweck des Klapperns klar.

Begrüßungsklappern [60, 79]: Kehrt ein Altvogel zu seinem Partner an den Horst zurück, klappern beide zur Begrüßung. In einer ersten Bewegung werfen die Störche Kopf und Hals hoch, sodass der Hals und der Schnabel nach oben weisen. Danach beginnt die Klapperstrophe. Dabei senken die Vögel Kopf und Schnabel nach vorne unten. Im nächsten Augenblick werfen sie den Kopf schnell auf den Rücken zurück, dabei wird das Klappern etwas schneller und heller. Nach kurzem Verharren in dieser Position bringen die Störche Kopf und Hals langsam wieder in Normalposition und wiederum nach vorne unten, wobei sie weiterklappern. Das Vor- und Zurückwerfen kann sich mehrmals wiederholen. Das Begrüßungsklappern ist variabel, die Häufigkeit und Länge ist zur Zeit der Paarbildung größer und nimmt mit der Brutphase ab. Während der Partnersuche kann das Klappern sehr angeregt sein und über zwei Minuten dauern, wenn ein Weibchen erstmals auf dem Nest eines Männchens landet.

Zisch-, Abwehr- und Drohklappern [28, 60, 79]: Fliegt ein Artgenosse tief über das Nest, nahe daran vorbei oder greift es sogar an, so beginnt der Nestbesitzer sofort mit dem Zischklappern. Wie der Name sagt, geht dem Klappern ein Zischen voraus. Dabei senkt er den Kopf nach vorne unten und seine Körperachse und insbesondere Kopf und Schnabel weisen in Richtung des Störenfrieds. Erst nach Beenden des Zischens beginnt der Storch mit dem Klappern. Dabei stelzt er zusätzlich den Schwanz nach oben, sträubt Hals- und Nackenfedern und schlägt rhythmisch mit seinen Flügeln auf und ab (Flügelpumpen).

Warnklappern [28, 60, 79]: Wenn ein Greifvogel über dem Nest vorüberzieht, können Störche klappern und damit Artgenossen warnen.

Klappern nach Kopulation: Häufig klappert das Weibchen nach erfolgter Paarung, oft steigt das Männchen in das Klappern mit ein.

Flugklappern: Selten klappern Störche auch im Fliegen, meist, wenn ein Rivale in einem Verfolgungsflug verjagt wird.

Klappern am Schlafplatz: Beim Einfinden am Schlafplatz klappern Störche häufig, sobald sie auf einem bestimmten Platz gelandet sind. Die bereits anwesenden Störche stimmen dabei meist in das Klappern ein. So kommt es an einem größeren Schlafplatz zu einem langen Klapperkonzert, bis alle Störche eingetroffen sind und ihren Platz gefunden haben.

Klappern von Nestlingen [28, 37]**:** Früh übt sich. Und so klappern Nestlinge bereits im Alter von zwei Tagen und werfen dabei auch den Kopf auf den Rücken. Aufgrund ihres kleinen und weichen Schnabels ist allerdings noch kaum etwas zu hören. Mit zunehmendem Alter wird das Klappern intensiver und immer deutlicher hörbar.

Schnabelknappen: Zu unterscheiden vom Klappern ist das sogenannte Schnabelknappen, ein anderer Instrumentallaut, bei dem die Schnabelhälften nur wenige Male in langsamer Folge hart zusammengeschlagen werden. Störche knappen besonders während der Paarung mit ihrem Schnabel, bisweilen auch in anderen Situationen: beispielsweise beim Drohen gegenüber Artgenossen fern des Horstes, beim Warnen vor Menschen, bei Nervosität und Unsicherheit. Während der Paarung schlagen die Partner auch ihre Schnäbel gegenseitig aneinander.

Zischklappern

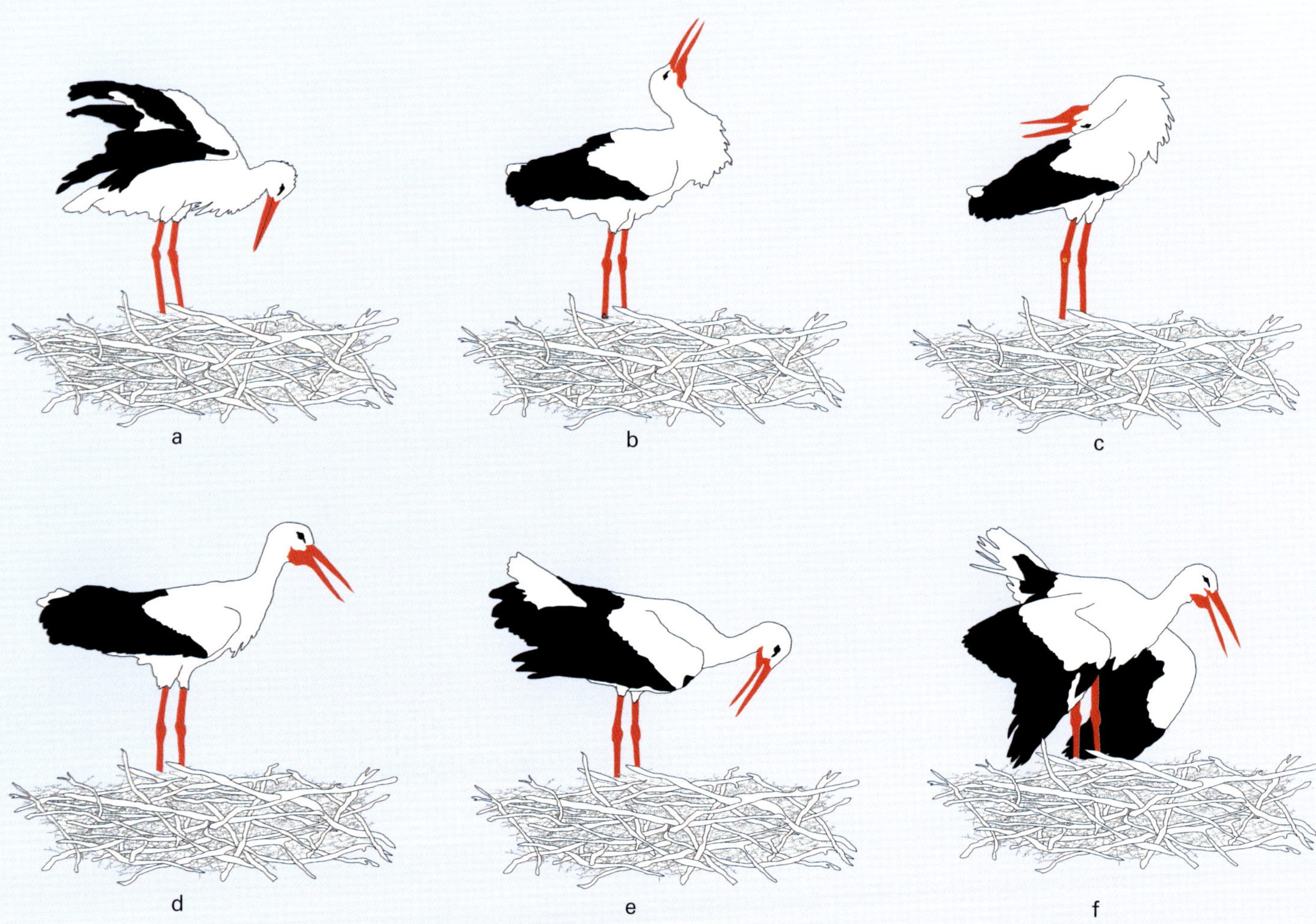

Beim Zischklappern gegenüber einem vorbeifliegenden Rivalen senkt der Storch zuerst seinen Kopf Richtung Gegner, öffnet seine Flügel leicht und zischt (a). Danach hebt er seinen Kopf aufwärts und beginnt nach Ende des kurzen Zischens mit Klappern (b). In der weiterführenden Bewegung wirft er seinen Kopf auf den Rücken (c). Weiterklappernd nimmt er anschließend mit dem Kopf eine normale Haltung ein (d). Danach beginnt er mit seinen Flügeln zu schlagen, wobei er den Kopf senkt und den Schwanz stelzt (e). Mit hängenden und schlagenden Flügeln klappert der Storch weiter und richtet dabei seine Körperachse zum Rivalen hin aus (f).

Perfekter Segler

Die Flügelform des Weißstorchs ist bestens an das Segeln im Aufwind angepasst. So kann er weite Strecken zurücklegen, ohne mit den Flügeln zu schlagen.

Ohne mit den Flügeln zu schlagen, segelt der Storch im Aufwind und gewinnt schnell an Höhe. Dieses Bild kennen wir bestens und es zeigt seine perfekte Anpassung an das Fliegen. Als ausgesprochener Aufwindsegler weist der Storch eine breite und rechteckige Flügelform auf. Damit kann er Thermikschläuche bestens ausnutzen und im Gleitflug weite Strecken zurücklegen. Ähnliche Flügelformen kennen wir von anderen Aufwindseglern wie Geiern, Adlern, Bussarden und Kondoren. Diese guten Flugeigenschaften benötigt der Weißstorch auch, denn zwischen seinem Brutgebiet (Europa) und seinem Überwinterungsgebiet (oft in Afrika) muss er bisweilen Tausende Kilometer zurücklegen.

Der Bau und die Form des Storchenflügels sind aber auch ein Kompromiss zwischen minimalem Flugaufwand und guter Manövrierfähigkeit. Zum Starten und Landen ist die Flügelform beispielsweise nicht optimal. Deshalb nimmt der Storch beim Starten vom Boden zuerst ein bis drei Schritte Anlauf, um genügend Luft unter die Flügel zu bekommen. Beim Starten vom Horst gleitet er zuerst etwas abwärts. Beim Landen federt der Storch mit zwei bis drei langsamen Rückwärtsschlägen die Landung etwas ab. Auch bei fehlender Thermik ist die breite, rechteckige Flügelform von Nachteil. Der aktive Flug ist langsam und kraftvoll – und entsprechend energieintensiv.

Die Menschen bewunderten schon seit jeher die Segelkunst des Storchs. So hegte auch Otto Lilienthal (1848–1896) den Wunsch, selbst zu fliegen. Er war ein Pionier und forschte intensiv am Vogelflügel: Er vermaß den Storchenflügel und unterhielt sogar selbst eine kleine Storchenzucht. Lilienthal gilt als erster Mensch, der mit einem selbst konstruierten Fluggerät wiederholt Gleitflüge absolviert hat [100, 139].

Staffelmauser

Nicht nur auf dem Zug, sondern auch im Brutgebiet und im Überwinterungsgebiet ist der Weißstorch darauf angewiesen, gut segeln zu können. Jegliche Erneuerung der Flugfedern mindert kurzzeitig die Flugleistung. Wenn der Weißstorch seine Schwingen mausert, greift er deshalb in die Trickkiste.

Staffelmauser heißt die Lösung. Der Weißstorch wechselt nur wenige Hand- und Armschwingen gleichzeitig. Auf diese Weise sind immer nur einzelne Flugfedern gleichzeitig im Wachstum, wodurch der Storch seine Flugleistung fast vollständig erhalten kann. Zudem fällt eine Schwinge erst dann aus, wenn die benachbarte vollständig nachgewachsen ist. Die Schwingenmauser geht dabei von verschiedenen Punkten aus und verläuft asymmetrisch. Durch diese kontinuierliche Staffelung an verschiedenen Stellen sind die fehlenden Federn über den Flügel verteilt und es entstehen keine größeren Federlücken im Flügel, die die Flugfähigkeit schmälern würden. Der Weißstorch erneuert zudem alljährlich nur einen Teil seiner Hand- und Armschwingen. Dies führt zu einem komplizierten Mauserablauf und es können Schwungfedern von bis zu vier verschiedenen Generationen gleichzeitig vorkommen [23, 37].

Auch der Zeitpunkt der Mauser des Körpergefieders ist günstig. Bei Brutvögeln erfolgt der Gefiederwechsel hauptsächlich in der Brutzeit, das heißt ab Mai bis September [60]. Pünktlich für den Herbstzug ist das Körpergefieder komplett erneuert. Bei Nichtbrütern oder jungen Vögeln, die den Sommer über im Winterquartier bleiben, beginnt der Federwechsel bereits im März oder April und endet erst Ende Oktober bis Dezember. Bei jungen Vögeln dauert die Mauser somit zwei Drittel des Jahres, bei nistenden Altvögeln knapp ein halbes Jahr.

Mauserverlauf

Weißstörche besitzen 11 Handschwingen (HS) und 22 Armschwingen (AS). Um die volle Flugfähigkeit zu erhalten, werden nicht alle jährlich erneuert. Der Wechsel geht von verschiedenen Mauserzentren aus. Die Mauser startet für die Handschwingen bei der HS1 und verläuft nach außen. In den Armschwingen gibt es gleich drei Zentren: ab AS1 nach innen, ab AS5 nach innen und ab AS22 nach außen (siehe Pfeile).

Das abgebildete Schema zeigt den Mauserverlauf eines Jungstorchs in Gefangenschaft. Im ersten Kalenderjahr wechselte der Jungstorch noch keine Flugfedern. Im zweiten Kalenderjahr mauserte er einen Teil, ausgehend von den Mauserzentren. Im dritten Kalenderjahr setzte er die Mauser vom Vorjahr fort, wodurch Schwingen zweier Generationen vorkamen. Im vierten und fünften Kalenderjahr schritt die Mauser weiter fort. Mit diesem Mauserablauf traten Flugfedern von zwei oder drei verschiedenen Generationen auf, einzelne Schwingen werden zwei bis drei Jahre alt.

nach Daten in Bloesch, Dizerens und Sutter 1977 [23]

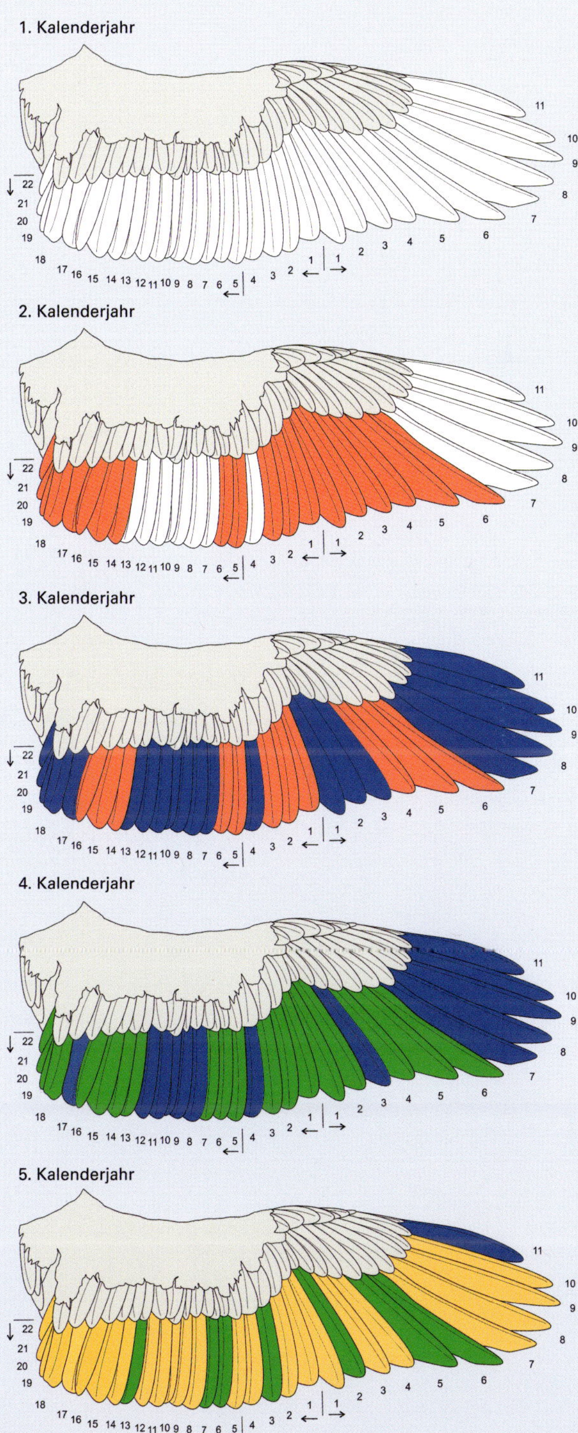

2| Verbreitung, Vorkommen und Bestandsentwicklung

Der Weißstorch war ein typischer und häufiger Brutvogel der mitteleuropäischen Flussniederungen, bis im 19. Jahrhundert die Mechanisierung und Intensivierung der Landwirtschaft begann und die Flüsse verbaut wurden. In Deutschland litten die Bestände stark, in der Schweiz war der Weißstorch sogar zwischenzeitlich ausgestorben. Gefördert durch Wiederansiedlungsprogramme und aufgrund eines geänderten Zugverhaltens nimmt die westliche Population in den letzten Jahrzehnten wieder zu, wohingegen die Bestände in Osteuropa stagnieren oder teilweise abnehmen.

Verbreitung: von Europa bis Afrika

Das Brutgebiet des Weißstorchs umfasst Europa, Nordafrika und Asien. Das Verbreitungsgebiet der europäischen Unterart *Ciconia ciconia ciconia* erstreckt sich von der Iberischen Halbinsel über Mittel- und Osteuropa bis hin zur Türkei und zum Kaspischen Meer. Im Norden und Osten schließt ihr Vorkommen Dänemark, die baltischen Länder, Weißrussland und die Ukraine mit ein. Der Weißstorch fehlt hingegen in Großbritannien und Norwegen, vereinzelte Paare gibt es in Schweden und Finnland. Die Maghreb-Population umfasst die Brutgebiete in Marokko, Algerien und Tunesien [39, 87].

Die ursprünglichen Lebensräume des Weißstorchs sind Sumpfwiesen mit offenen Wasserflächen und Auenlandschaften. Mit der Urbarmachung dieser Landschaften verschwanden in Mitteleuropa diese Habitate weitestgehend – und mit ihnen der Weißstorch.

Als Zugvogel fliegt der Weißstorch alljährlich aus den europäischen Brutgebieten in seine Überwinterungsgebiete. Dabei trennen sich die Zugrouten in eine westeuropäische und eine osteuropäische Population: Die sogenannten Westzieher fliegen über die Iberische Halbinsel und Gibraltar nach Afrika und überwintern in der Sahelzone südlich der Sahara. Viele Weißstörche der westlichen Population flogen in den letzten Jahrzehnten jedoch nur noch bis Marokko oder Spanien oder verblieben im Winter sogar ganz in ihren Brutgebieten [134, 160]. Die Ostzieher sind nach wie vor Langstreckenzieher, fliegen über den Bosporus und den Sinai nach Afrika, überwintern südlich der Sahara oder können sogar bis nach Ost- und Südafrika weiterziehen [53, 60].

Eine weitere Unterart des Weißstorchs, *Ciconia ciconia asiatica*, brütet in Kasachstan, Usbekistan und Turkestan und überwintert von Iran bis Indien [39].

Bestandsentwicklung in Mitteleuropa

Über Jahrhunderte war der Weißstorch in den Flusslandschaften Mitteleuropas sehr häufig. So schreibt beispielsweise Ulrich A. Corti zum Bestand in der Schweiz im 19. Jahrhundert [36]:

> «Wer früher zu Sommerzeiten das untere Gäu und die Gegend von Olten bis Oensingen hinauf durchwanderte, dem musste die grosse Zahl von Störchen auffallen, da diese hier zu Tausenden für einige Monate ihren Aufenthalt nahmen. Jedes Dorf zählte mehrere der charakteristischen Nester und die hochbeinigen Gäste wurden oft so zutraulich, dass sie es wagten, in den Dorfstrassen ihren Spaziergang zu machen. Zumeist aber stelzten sie in den weiten Wässermatten und Sümpfen des Geländes herum.»

Ab 1850 setzte in Mitteleuropa aber dann ein drastischer Rückgang der Paarzahlen ein [36] – der Weißstorch befand sich «im Sinkflug». In diese Zeit fallen beispiellose Entwässerungen, Flussbegradigungen und Gewässerkorrektionen [183]. Die Industrialisierung bewirkte die Mechanisierung und Intensivierung der Landwirtschaft. Viele Störche fanden bei Kollisionen an neu erstellten Freileitungen den Tod oder erlitten bei falsch konstruierten Masten einen Stromschlag [20, 52]. Die Aufhebung der Jagdprivilegien für den Adel begünstigte nach der Revolution von 1848 auch das regionale Aussterben des Weißstorchs. Er gelangte dadurch mit vielen anderen «schädlichen» Vogelarten ins Visier der Jägerschaft. Während der beiden Weltkriege wurde diese leichte Beute auch in Mitteleuropa zur Ernährung genutzt. Neben Faktoren im Brutgebiet kann eine höhere Sterblichkeit auf dem Zug und im Wintergebiet zur Abnahme der Bestandszahlen beigetragen haben. Mehrere nasskalte Frühlinge und Störungsjahre, in denen Schlechtwetter die Störche entlang der Zugroute aufhielt, resultierten in einem niedrigeren Bruterfolg [59, 60, 79, 109].

Aussterben in der Schweiz

All dies hinterließ seine Spuren. Um 1900 zeichnete sich der starke Rückgang bereits ab und in der Schweiz waren nur noch rund 140 Nester bekannt. So schrieb Ulrich A. Corti [36]:

> «Das schlimme Jahr 1902 mit seinem kalten, nassen Mai hat den Storchenbestand im Gäu und anderswo nahezu vernichtet. In wenigen Jahrzehnten ist vielleicht der Storch in der Schweiz ganz ausgestorben.»

Leider sollte Ulrich A. Corti recht behalten: 1930 war der Bestand auf 16 Paare geschrumpft [59, 60]. 1949 waren in der Schweiz noch sechs Horste besetzt, doch nur in einem einzigen gab es Junge: Im schaffhausischen Neunkirch zog das Paar die vorerst letzten Nestlinge auf. Danach war der Storch in der Schweiz als Brutvogel ausgestorben [22].

Nach einem schwierigen Start des Wiederansiedlungsprogramms – anfänglich mit Zurückbehalten von Jungvögeln in Gehegen und mit Zufütterung – brütete 1960 erstmals wieder ein freifliegendes Storchenpaar in der Schweiz. Ab den 1970er-Jahren nahmen die Wildbruten langsam und kontinuierlich zu, seit 2010 ist ein deutlicher Bestandsanstieg zu verzeichnen [17, 153]. Im sehr guten Storchenjahr 2022 brüteten schließlich wieder 887 Brutpaare in der Schweiz und 1776 Jungstörche flogen aus. Der Bestand

Vorkommen des Weißstorchs

Im Jahresverlauf tritt der Weißstorch in seinen Brutgebieten [87] (rot), entlang seiner Zugrouten (gelb) und im Winter [15, 53, 87, 114] (braun) von Europa bis Afrika auf. Immer häufiger ziehen Weißstörche nicht mehr bis südlich der Sahara (braun), sondern verbringen den Winter in Europa auf der Iberischen Halbinsel, in Marokko und in Mitteleuropa, wo sie dann ganzjährig anzutreffen sind (orange) [60, 134].

Nicht mehr auf der Karte gezeichnet ist das isolierte Vorkommen der Unterart *Ciconia ciconia asiatica*, die in Usbekistan, Turkestan und Kasachstan brütet (2500 bis 2700 Brutpaare) [54, 83].

Illustration nach Fiedler 1998 [53], Flack et al. 2016 [54], Keller et al. 2020 [87]

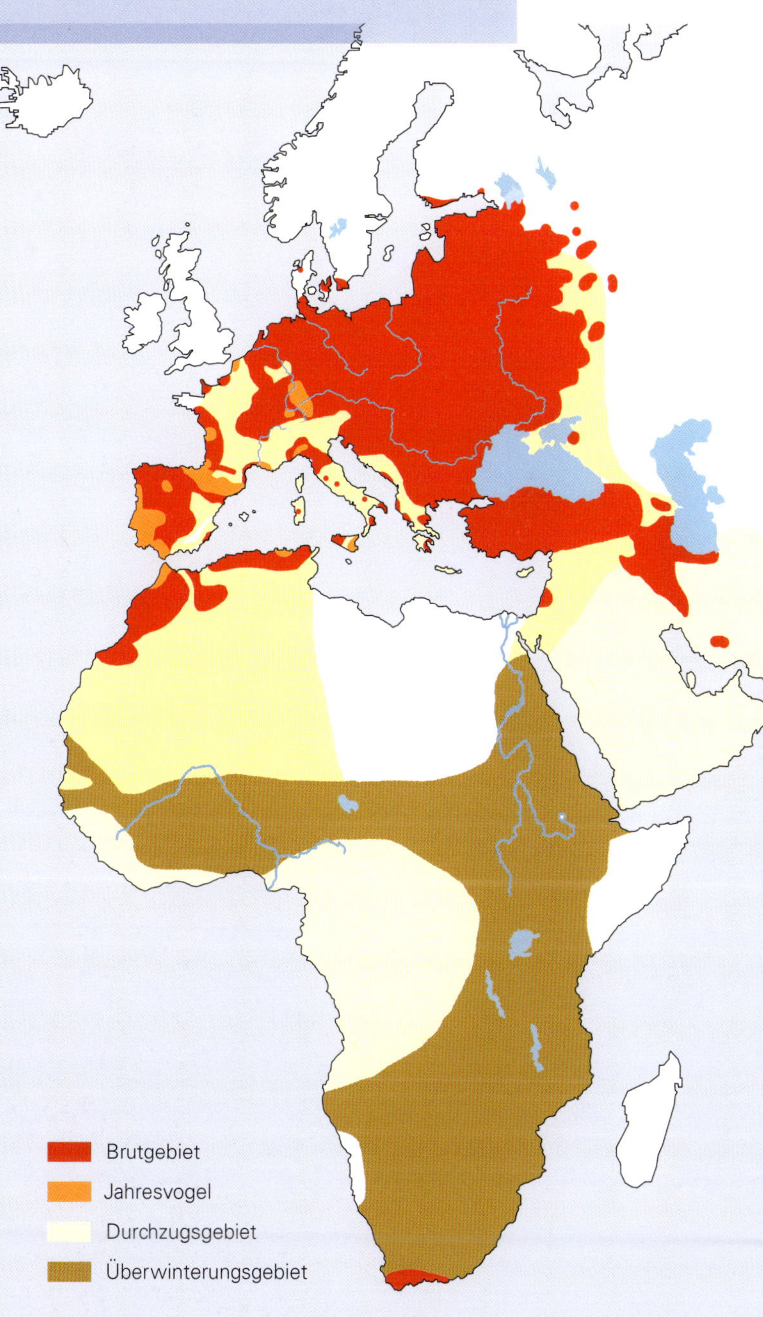

nimmt zu, obschon weniger Jungvögel ausfliegen. Dies ist kein Widerspruch, denn dieser Populationsanstieg beruht auf dem geänderten Zugverhalten mit einer geringeren Sterblichkeit im Winter.

Die Entwässerung großer Flussniederungen, die Begradigung von Flüssen und die Intensivierung der Landwirtschaft zerstörten in weiten Teilen Mitteleuropas das ursprüngliche Habitat des Weißstorchs. Dadurch verschwand auch das reiche und abwechslungsreiche Beutevorkommen.

Bestandstief in Deutschland

Ähnlich erging es dem Weißstorch in Deutschland, wo er ursprünglich ebenfalls ein häufiger Brutvogel war. Im Jahr 1934 ergab eine Storchenzählung in Deutschland dann noch etwa 9000 brütende Paare. In den nachfolgenden Jahrzehnten nahmen die Bestände vielerorts ab und der Weißstorch verschwand zwischenzeitlich in einzelnen Bundesländern [60]. Der absolute Tiefststand war 1988 mit unter 3000 Paaren erreicht [146]. In der Zwischenzeit erholte sich der Bestand und 2019 wurden in Deutschland wieder über 7500 Paare gezählt.

Sonderfall Italien

Die Alpen trennen ziehende Störche in eine west- und eine ostziehende Population. Dennoch gibt es einzelne Tiere, welche die Alpen überfliegen oder in Südfrankreich nicht den Weg Richtung Spanien, sondern nach Italien einschlagen. Auch auf dem Heimzug ziehen etwa 500 bis 1000 Störche über Italien nach Norden und umfliegen die Alpen westlich davon über das Piemont oder traversieren die Alpen etwas östlich der Schweiz [79].

In Italien nistete der Weißstorch bis ins 16. Jahrhundert und besiedelte die Po-Ebene. Möglicherweise führte eine intensive Bejagung zum Aussterben [56]. Danach fehlte der Weißstorch lange Zeit als Brutvogel. Doch auch als der Storch ab 1937 in Italien geschützt wurde, verhinderte die illegale Bejagung eine Wiederansiedlung. Der erste Brutversuch erfolgte 1959 im Piemont, bei weiteren Versuchen wurde in den meisten Fällen mindestens ein brütender Altvogel geschossen. Erst die Eröffnung eines Storchenzentrums in Racconigi (Piemont) brachte die Kehrtwende in dieser Region: Dank intensiver Öffentlichkeitsarbeit werden dort seit 1986 keine Störche mehr erlegt und es etablierte sich eine stabile Kleinpopulation mit um die 30 Brutpaaren [181]. Seither besiedelte der Weißstorch weitere Gebiete Italiens und er brütet heute in der Po-Ebene und in mehreren Regionen Mittel- und Süditaliens, so auch in Sizilien [87].

Historisches und aktuelles Brutvorkommen in der Schweiz

Der Weißstorch brütet heute im schweizerischen Mittelland und in der Region Basel-Möhlin (rote Kreise). Größere Kolonien befinden sich in Altreu (SO), im Zoo Basel (BS), im Tierpark Lange Erlen Basel (BS) und im Zoo Zürich (ZH), in Möhlin (AG), Uznach (SG), Hombrechtikon (ZH), Avenches (VD), im Wauwilermoos (LU) und im Murimoos (AG). Mit der Zunahme des Schweizer Bestandes in jüngster Zeit dehnt der Weißstorch sein Brutareal aus und weitere Kleinkolonien etablieren sich in neuen Regionen.

Auch vor seinem Aussterben um 1950 brütete der Weißstorch hauptsächlich in den Niederungen des Schweizer Mittellandes einschließlich Aargauer und Basler Jura und der Region Schaffhausen (grüne Flächen, rekonstruiert nach Literaturangaben). Historische Nachweise aus dem Alpenraum waren auch vor 1950 selten. Der Weißstorch brütete lokal bis 900 Meter. Er fehlte aber auch schon vor seinem Aussterben im Genferseebecken, im Waadtländer und Neuenburger Jura, im gesamten Alpenraum und im Tessin.

nach Daten in Bloesch 1931–1950 [22], Creutz 1988 [37], Glutz 1962 [59], Knaus et al. 2018 [92], Bulletin Storch Schweiz [153] und www.storch-schweiz.ch [190]

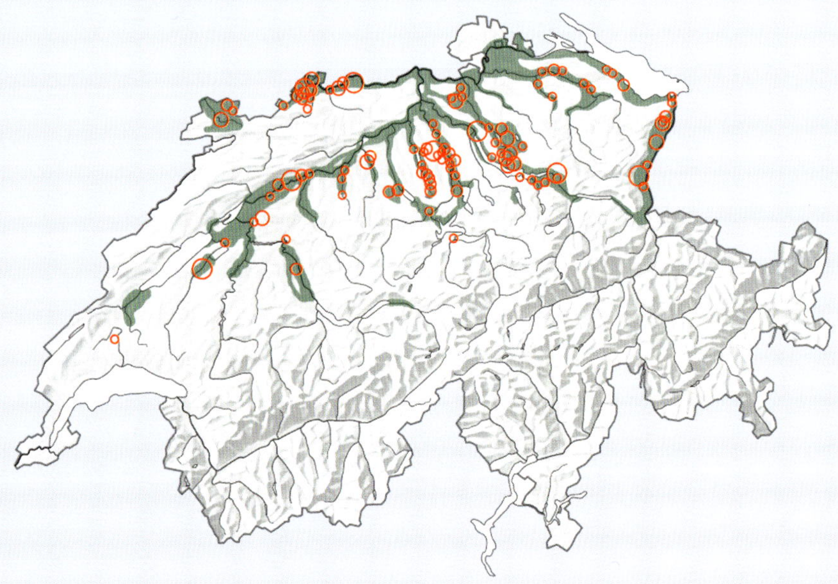

Historische Verbreitung
Aktuelle Verbreitung: Brutpaare
- 1
- 2–5
- 6–20
- > 20

Anzahl der Brutpaare in der Schweiz

Um 1900 brüteten noch 140 Weißstorchpaare in der Schweiz. Diese Zahl nahm bis 1930 kontinuierlich ab, bevor die Art 1949 in der Schweiz ausstarb (rot gestrichelte Linie, interpoliert). 1960 brütete das erste freifliegende Storchenpaar aus dem Wiederansiedlungsprogramm in Altreu. Die anfängliche Zunahme basierte auf den Projektstörchen dieses Aufzuchtprogramms. Seit 2000 nimmt der Storchenbestand in der Schweiz markant zu und erreichte in den letzten Jahren rasch steigende Brutpaarzahlen.

nach Statistiken in Bloesch 1931–1950 [22], Bloesch 1980 [24], Moritzi et al. 2001 [113], Bulletin Storch Schweiz 35–52 [153], Schaub et al. 2005 [143]

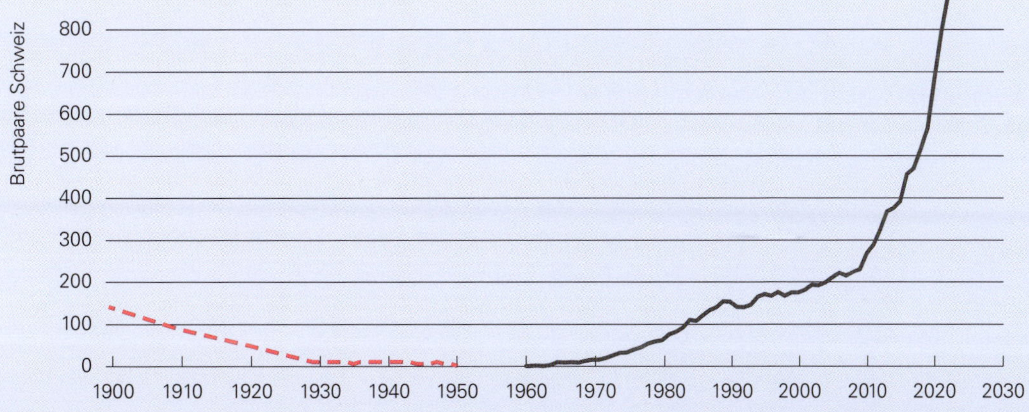

Störungsjahre

Der Todesstoß für die verletzlichen Storchenpopulationen in der Schweiz könnte ein spezieller Faktor gewesen sein: das vermehrte Auftreten von Störungsjahren [60].

In sogenannten Störungsjahren hat die Witterung auf dem Heimzug einen großen Einfluss auf die Zuggeschwindigkeit und somit auf die Ankunft im Brutgebiet. Ungünstige Winde, fehlende Thermik und anhaltender Regen vermindern oder unterbrechen die Zugaktivität. In solchen Jahren kehrt ein beträchtlicher Teil der Brutvögel verspätet in ihre Brutgebiete zurück, teilweise schreiten sie dann gar nicht zur Brut oder die Jungenzahl ist geringer als in normalen Jahren. Nachfolgende Jahre können diese Störungsjahre nicht immer ausgleichen, insbesondere wenn sie gehäuft auftreten. Vor dem Aussterben des Weißstorchs in der Schweiz gab es gleich mehrere Störungsjahre: 1918, 1928, 1930, 1937, 1938, 1941, 1943, 1945, 1948, 1949 [22]. Besonders ab den 1940er-Jahren waren Störungsjahre zahlreich. Die Altvögel kehrten zwar noch an ihre Horste zurück, bis sie starben, konnten aber nicht mehr genügend Jungstörche aufziehen. Die stark geschwächte Schweizer Population mit weniger als zwölf Brutpaaren nahm weiter ab, bis 1949 das letzte Paar Nestlinge aufzog [22].

Die beiden Grafiken zeigen den Bruterfolg vor dem Aussterben in der Schweiz (a) [22] im Vergleich zu den Jahren 2001–2022 (b) [153].

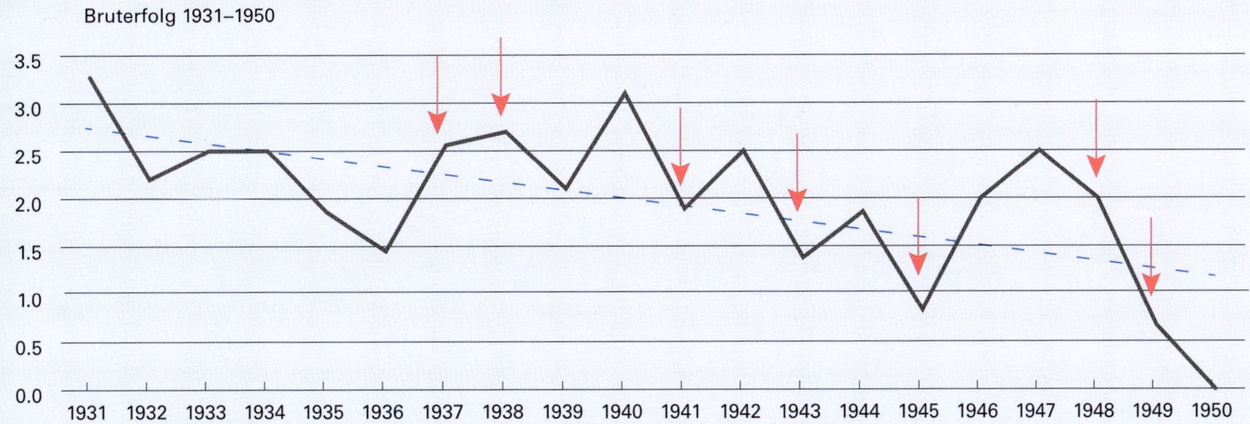
Bruterfolg 1931–1950
3.5
3.0
2.5
2.0
1.5
1.0
0.5
0.0
1931 1932 1933 1934 1935 1936 1937 1938 1939 1940 1941 1942 1943 1944 1945 1946 1947 1948 1949 1950

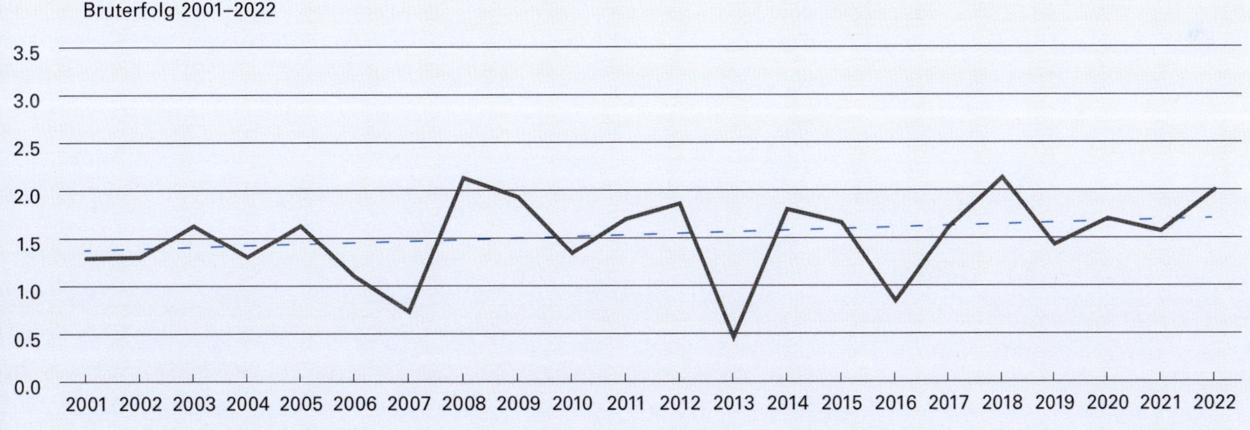
Bruterfolg 2001–2022
3.5
3.0
2.5
2.0
1.5
1.0
0.5
0.0
2001 2002 2003 2004 2005 2006 2007 2008 2009 2010 2011 2012 2013 2014 2015 2016 2017 2018 2019 2020 2021 2022

Bestandsentwicklung in Osteuropa

In Osteuropa, vorab in den Gebieten mit großen Weißstorchpopulationen in Nordostpolen und Weißrussland, trat im 20. Jahrhundert keine grundlegende Veränderung der Landschaft ein. Große Flussgebiete wie Biebrza, Narew, Bug, Beresina und Pripjat behielten weitgehend ihre natürliche Dynamik. Die Landwirtschaft blieb extensiv, teilweise wurde sie sogar traditionell mit Pflug und Ochse betrieben. So blieben die osteuropäischen Populationen zwischen 1900 und 1950 stabil, in der zweiten Hälfte des 20. Jahrhunderts konnte der Weißstorch sein Brutgebiet ostwärts sogar ausdehnen [79].

Erst nach der Maueröffnung nahm eine größere Intensivierung des Agrarlandes ihren Anfang und führte ab 1990 zu einem Abwärtstrend bei den osteuropäischen Storchenpopulationen. Gewässerkorrektionen, das Eindämmen großer Flüsse, Entwässerungen von ausgedehnten Überschwemmungsgebieten, Intensivierung der Landwirtschaft und Meliorationen beeinträchtigten nun auch in Osteuropa den Lebensraum der Störche. Die Intensivierung erfasste Storchengebiete in Polen, Ungarn, Rumänien, Kroatien und in der Slowakei. Eine Landwirtschaft mit von Tieren gezogenen Pflügen oder kleinen russischen Traktoren entwickelte sich hin zu einer Agrarwirtschaft mit großen, leistungsfähigen Maschinen. Extensive Mahd- und Weidesysteme wurden vielerorts aufgegeben, intensiviert oder in Ackerland umgewandelt.

Im März und April trifft der Weißstorch im Ackerland auf ein reichliches Nahrungsangebot. Da es zu dieser Jahreszeit häufig regnet, entstehen auch im Kulturland vielerorts überschwemmte Flächen, der Boden liegt oft noch brach oder die Grasvegetation ist kurz. Hier findet der Storch leicht Beutetiere.

Entlang der Biebrza in Nordostpolen finden Weißstörche paradiesische Verhältnisse. Hier kann der Fluss auch heute noch weiträumig mäandrieren und über seine Ufer treten. So bleiben während der ganzen Brutzeit feuchte Stellen erhalten, wo der Storch Nahrung für sich und seine Jungen findet.

3| Lebensraum und Habitatansprüche

Flusslandschaften und Überschwemmungsebenen bilden den ursprünglichen Lebensraum des Weißstorchs in seinen Brutgebieten. Intakte Flusssysteme findet man heute jedoch in den europäischen Niederungen nur noch selten. Der Weißstorch wurde zum Kulturfolger und sucht seine Nahrung heute auch im intensiv bewirtschafteten Agrarland. Ja, er hält sich sogar auf Mülldeponien auf und holt sich dort seine Nahrung.

Bewohner wilder Flusslandschaften

Gemächlich zieht der Fluss seine Mäander durch die riesige Schwemmebene. Das alljährliche Hochwasser im Frühling, genährt durch den schmelzenden Schnee und durch Frühlingsunwetter, überschwemmt großflächig die umliegenden Gebiete. Unterschiedliche Typen von Feuchtwiesen, dauerhafte Nassstellen, feuchtes Grünland, Flachmoore, Altarme, Kies- und Sandufer sowie Weidengebüsche prägen den Lebensraum [104]. An etwas erhöhten Stellen, die nicht alljährlich überflutet werden, wachsen Auenwälder, in deren hohen Bäumen Weißstörche nisten.

Feuchtwiesen sind in Europa selten geworden. Mit ihren vernässten Stellen weisen sie eine lichte Vegetation auf, werden spät oder gar nicht gemäht und beherbergen während der ganzen Brutsaison viele Beutetiere.

Diese wilden und unberechenbaren Flusslandschaften waren der natürliche Lebensraum des Weißstorchs. Die Bezeichnung Adebar entstand aus dem indogermanischen «eudh» für feuchte, sumpfige Stellen. Somit ist mit Adebar ein «Sumpfgänger» gemeint [37]. Die sich laufend verändernden Bedingungen forderten dem Weißstorch eine große Anpassungsfähigkeit ab. Diese Flexibilität ist notwendig, denn kaum ein anderes Habitat ändert sich so schnell wie eine Schwemmlandschaft. Da das Terrain flach ist, geben schon geringe Änderungen des Pegelstandes Vegetation frei oder überfluten sie neu. So muss sich der Weißstorch fast täglich neuen Mikrosituationen anpassen: Wo gestern noch eine ergiebige Nahrungsfläche war, ist diese heute hoch überflutet.

Mit seinen langen Beinen und dem langen Schnabel ist der Weißstorch bestens an diesen Lebensraum angepasst. Er nutzt geschickt die sich dauernd verändernden Umweltbedingungen bei sinkendem oder steigendem Wasserstand aus. In Bereichen mit abfließendem Wasser und wandernder Uferlinie bleiben Wassertiere in kleinen Senken zurück oder zwischen Pflanzen hängen: Larven von Wasserinsekten, Blutegel, Wasserschnecken, Fische, Wasserspinnen, Frösche usw. Doch auch das steigende Wasser liefert dem Weißstorch einen reich gedeckten Tisch. Regenwürmer werden beispielsweise aus ihren überfluteten Röhren getrieben oder es werden Beutetiere aus offeneren Bereichen angeschwemmt.

In Europa sind naturnahe und großflächige Überschwemmungslandschaften nur an wenigen Orten erhalten geblieben. Biebrza-Narew in Nordostpolen und die Save-Auen in Kroatien gelten als die beiden letzten naturbelassenen Flussniederungen, die auch heute noch von regelmäßigen Frühjahrs- und Sommerhochwassern mit bis zu mehreren Quadratkilometern großen Überflutungsflächen geprägt sind. Weitere naturnahe Flusslandschaften finden sich in der Elbtalaue in Deutschland sowie in den Marchauen in Österreich.

Die Jura-Gewässerkorrektionen der Aare zwischen Biel und Solothurn brachten auch große Uferveränderungen mit sich. Mit Blöcken verbaute Flussufer bieten für den Weißstorch keine Möglichkeit zur Nahrungssuche (links). Hingegen kann der Weißstorch in flachen und unverbauten Uferzonen durch das seichte Wasser schreiten und nach Beutetieren suchen (rechts).

Das Schweizer Mittelland mit Aare, Reuss, Limmat und Rhein war bis vor 150 Jahren ebenfalls eine Landschaft mit unbändigen Flüssen [191] – und somit idealer Lebensraum für Störche. Wer eine solche Landschaft erlebt hat, kann den Wunsch nach Eindämmung des Wassers nachfühlen: Myriaden von Stechmücken, Malaria in Europa, nur für ausgewählte Schweine- und Schafrassen geeignete Weidegebiete, Blutegel im Wasser, wohin man blickt. Als Fortschritt galten deshalb die Zähmung der Flüsse und die Urbarmachung der ehemaligen Überschwemmungsflächen. Der Mensch raubte darum den Flüssen jegliche

Dynamik: Gewässerkorrektionen, Begradigung und Verbauung der Ufer, Entwässerung des umliegenden Landes mittels Drainageleitungen, Umwandlung von Grünland in Ackerland. So sind heute in der Schweiz und im übrigen Mitteleuropa die großen Flüsse begradigt und führen nur noch höchst selten zu Überschwemmungen. Seit 1850 sind 90 Prozent der Auengebiete verloren gegangen und nur noch fünf Prozent der Gewässerstrecken gelten als natürlich. Heute werden Gewässer wieder revitalisiert. Auf diese Weise erhält der Weißstorch zumindest teilweise wieder natürliche Habitate zurück.

Der Weißstorch als Kulturfolger

Der Weißstorch profitiert von den Beutetieren, die während der Bearbeitung der Felder an die Oberfläche gebracht werden.

Der Mensch veränderte die Flusslandschaften. Parallel dazu passte der Weißstorch seine Habitatansprüche an. Er wurde zum Kulturfolger und fand in der extensiv genutzten Kulturlandlandschaft ihm zusagende, sekundäre Habitate. Doch mit der zunehmenden Intensivierung veränderte sich sein Lebensraum immer mehr. Heute brütet der Weißstorch mitten im intensiv bewirtschafteten Agrarland [108, 155].

Der Storch weiß die heutige Art der landwirtschaftlichen Bewirtschaftung zu seinen Gunsten zu nutzen. Hoch im Segelflug kreisend, entdeckt er feldbearbeitende Traktoren, erkennt infolge der Staubentwicklung auf große Distanzen bearbeitete Felder oder wird durch andere Störche angelockt. Gezielt fliegen Weißstörche diese Äcker an, oft folgen Dutzende Weißstörche ohne Scheu einer pflügenden, erntenden oder mähenden Maschine [76]. Schnell sammeln die Störche die an die Erdoberfläche gebrachten Regenwürmer, Insektenlarven und Mäuse auf und profitieren so von den reich anfallenden Beutetieren.

Kurzfristig ist der Tisch für den Weißstorch reich gedeckt. Doch die Zeit des Pflügens, Eggens, Säens und Mähens ist kurz. Wenn gerade keine Feldarbeiten stattfinden, muss er trotzdem in Horstnähe ausreichend Nahrung für sich und seine Nestlinge finden können. Deshalb dürfen naturnahe Strukturen in der heutigen Agrarlandschaft nicht fehlen: beispielsweise Brachen, Ackerrandstreifen, Feldsäume, Wassergräben, Lachen, Senken, Hecken mit Saumstreifen, Altwasserläufe oder Bäche.

Egal ob Grünland, Weide oder Ackerland, die Vegetation darf für diesen optisch orientierten Sammler und Jäger nicht zu dicht und zu hoch sein. Der Weißstorch bevorzugt eine Vegetationshöhe bis 20 Zentimeter. Getreide-, Raps- oder Maisfelder sind somit bei den Störchen nur kurze Zeit beliebt. Sie wachsen schnell so dicht und hoch, dass sie kein geeignetes Habitat mehr für Störche sind.

Weidende Kühe und Schafe scheuchen Beutetiere auf, weshalb der Weißstorch gerne in deren Nähe Nahrung sucht. Ein kroatischer Schafhirte drückte dies so aus: «Störche und Schafe sind Freunde.»

Habitatnutzung

Der Weißstorch nutzt verschiedene Biotoptypen in Abhängigkeit von deren Wuchshöhe, Vegetationsdichte und landwirtschaftlicher Nutzungsform [1]:

- Wiese mit Vegetationshöhe <20 Zentimeter: im Frühjahr und nach der Mahd häufig genutzt
- Wiese mit Vegetationshöhe >30 Zentimeter (inklusive Ackerrandstreifen und Brachen): Nutzung nur bei lockerem Grasbestand
- Ackerland: im Frühjahr gerne genutzt, solange die Vegetation lückig und wenig hoch ist oder das Ackerland noch brach liegt (Stoppelfelder); wird später im Jahr fast nur noch während und nach der Bearbeitung aufgesucht (beispielsweise Pflügen und Ernten)
- Kurzrasige Weide von Rindern und Schafen: gerne genutzt in nächster Nähe zum Vieh
- Gewässer und Feuchtgebiete (wie Feuchtwiesen, vernässte Stellen, Teiche, Flüsse, Gräben oder Altarme): Nahrungssuche an flachen unverbauten Ufern oder wenig tiefen Nassstellen; werden während der ganzen Brutsaison aufgesucht.

Jäger und Sammler

Bei der Nahrungssuche schreitet der Weißstorch langsam durch die Vegetation. Optisch orientiert, pickt er mit seinem Schnabel Beutetiere auf, liest als Sammler Regenwürmer oder andere Beutetiere von der Bodenoberfläche oder Vegetation ab, erreicht durch Stochern mit seinem Schnabel Würmer und Insektenlarven tief im weichen Boden. Er verzehrt dabei alles Tierische, was er finden und schlucken kann. Passende Nahrung packt er mit der Schnabelspitze wie mit einer Pinzette und wirft diese mit einer Rückwärtsbewegung des Kopfes Richtung Schlund. Beutetiere schluckt er ganz, kann diese aber vorher kurz bearbeiten oder in die richtige Lage im Schnabel bringen [28, 37, 60].

Fische jagende Weißstörche schreiten langsam vorwärts und stoßen mit ihrem Schnabel blitzschnell zu, wenn ein Fisch vor ihnen schwimmt.

Doch auch andere Techniken bringen ihn zum Erfolg: Er lauert auf Mäuse in Feldern und hetzt ihnen dann mit kurzen Sprüngen nach [60]. Er durchschreitet mit vorgerecktem Kopf tieferes Wasser und späht nach Fischen, um diese dann blitzschnell zu packen. Beim Seihen macht er in trübem Wasser mit seinem Schnabel seitliche Bewegungen und erfasst so Beutetiere taktil [28].

Der Weißstorch verschmäht auch Aas nicht, seien das bei der Bearbeitung der Felder tot anfallende Mäuse oder tot auf dem Wasser treibende Fische. Er wirkt dadurch als «Gesundheitspolizist».

Außerdem ernährt er sich von Speiseabfällen der Menschen, weshalb der Weißstorch auf dem Herbstzug und im Wintergebiet häufig auf Mülldeponien (beispielsweise in Spanien, Portugal, Marokko) anzutreffen ist [103, 111, 189].

Entlang von Ufersäumen finden Störche in kurzer Zeit zahlreiche Beutetiere. Hier lohnt es sich für sie besonders, nach Nahrung zu suchen.

Der Jagderfolg bestimmt, was Weißstörche wann und wie jagen: Sie bevorzugen diejenige Beute und Strategie, welche in kürzester Suchzeit die höchste Biomasse und somit den größten Nährwert verspricht. Kleine Beutetiere wie Regenwürmer und Insekten stellen in vielen Flächen eine sichere Beute dar. Es müssen aber viele Beutetiere gesammelt werden, um deren Biomasse gegenüber einem Kleinsäuger oder Frosch aufzuwiegen. Der Fang von großen Beutetieren ist dagegen unsicher und der Erfolg kann auch bei großem Aufwand ausbleiben. Deshalb wenden Störche bei Vorhandensein größerer Beutetiere eine Mischstrategie an: Zwischen Sammelphasen schieben sie bei Gelegenheit kurze Jagden auf Mäuse, Amphibien oder Fische ein. Bleibt der Erfolg nach kurzer Zeit aus, so wechseln sie wieder zu sammelnder Aktivität von kleinen Beutestücken zurück.

In ausgesprochenen Mäusejahren lohnt es sich für Weißstörche, sich auf diese großen und energiereichen Beutetiere zu konzentrieren und vom Sammler zum zeitintensiveren Lauerjäger zu wechseln. So gelten Jahre mit einem Massenauftreten an Feldmäusen auch als «Storchenjahre» mit gutem Bruterfolg.

Gemeinsame Nahrungssuche

Hoch segelnd haben Weißstörche einen weiten Überblick über das Gebiet und erkennen andere nahrungssuchende Störche auf große Distanz. Sind bereits einzelne Störche auf einem Feld bei der Nahrungssuche, so landen gerne weitere in ihrer Nähe. Mit der Zeit bilden sich größere lose Ansammlungen, von denen aber auch immer wieder einzelne Tiere wegfliegen.

Gemeinsame Nahrungssuche ist möglich und vorteilhaft, wenn die Beutetiere zerstreut verteilt sind und so keine direkte Konkurrenz entsteht [4]. Durch die Nahrungssuche in Trupps profitieren Störche gleich mehrfach:

- Mehrere Störche scheuchen zusammen mehr Beutetiere auf als ein einzelner, wovon sie gegenseitig profitieren.
- Störche wechseln bei geringer Beutefangquote die Nahrungsfläche. Suchen Störche an einem Ort nach Nahrung, so ist das eine zuverlässige Information, dass sich dort die Beutesuche lohnt.
- Mit zunehmender Truppgröße kann der einzelne Storch die Wachsamkeit gegenüber Feinden verringern, was seine eigentliche Nahrungssuchzeit verlängert.

Nahrung: alles, was kreucht und fleucht

In der Schweiz machen Regenwürmer den Hauptteil der Nahrung der Nestlinge aus.

Nestlinge sind immer hungrig und gefräßig. Da können die Altvögel kaum genug Futter zum Horst bringen.

Die Speisekarte des Weißstorchs ist vielfältig: Er verzehrt tierische Nahrung von der Größe eines kleinen Käfers oder Regenwurms bis hin zu Mäusen, Amphibien und Reptilien [31, 137, 154, 155]. Er frisst alles, das Nahrungsspektrum wird einzig über die Größe definiert. Regenwürmer bilden heute in Mitteleuropa den Hauptteil der Nahrung und können bis zu 90 Prozent ausmachen [119, 155]. Sie sind proteinreich, kommen häufig vor und sind einfach zu sammeln – wenngleich ihr Darmtrakt einen hohen Sandanteil hat, der von den Störchen über Speiballen wieder ausgewürgt werden muss [31]. Daneben ergänzen Egel und Schnecken den Speiseplan des Weißstorchs. In Mäusejahren machen Kleinsäuger einen großen Anteil der Nahrung aus [137] und steigern den Bruterfolg maßgeblich. Doch sogenannte Mäusejahre mit Massenvermehrung und -auftreten werden in Mitteleuropa immer seltener. Amphibien und Reptilien sind in Mitteleuropa so selten geworden, dass diese nur gelegentlich auf dem Speiseplan der Störche landen. Eier und Jungvögel bodenbrütender Vögel werden gelegentlich erbeutet. Auch Fische bis zu einer Größe von etwa zehn Zentimetern werden gerne gejagt und einzelne Individuen können sich auf den Fischfang spezialisieren [3, 14, 37, 45].

In Mitteleuropa sucht der Storch fast vergeblich nach Großinsekten, Massenauftreten von Mäusen und reichem Vorkommen von Amphibien und Reptilien. Zu stark ist die Biodiversität in unserer Agrarlandschaft dezimiert. Anders sieht es in naturnahen Flusslandschaften wie beispielsweise in Osteuropa aus, wo größere Beutetiere noch häufig vorkommen.

Kinderbücher zeigen den Storch als Jäger von Fröschen. In Wirklichkeit frisst der Storch selten Amphibien, und wenn, dann jagt er Kaulquappen (für junge Nestlinge) und erbeutet Gras- und Moorfrösche, verschmäht aber Kröten und Unken. Amphibien sind nur lokal in größeren Auenlandschaften bei Hochwasser von Bedeutung und spielen heute in der Ernährung der Störche in Osteuropa eine größere Rolle als in Westeuropa.

Nahrungssuche während der Brutzeit

Den höchsten Bruterfolg verzeichnen Weißstörche, wenn optimale Nahrungsgebiete im Umkreis von maximal zwei Kilometern zum Horst liegen.

Gleich nach ihrer Ankunft im Frühling suchen Weißstörche ihre Nahrung in Horstnähe. Dies ermöglicht ihnen, sofort zum Nest zu fliegen, sollte ein Rivale auf ihrem Horst landen. Früh im Jahr sind deshalb gute Nahrungsgründe in Nestnähe wichtig, um Nahrungssuche und Nestbewachung vereinbaren zu können.

In naturnahen Lebensräumen wie beispielsweise in Polen finden Störche während der ganzen Brutzeit ihre Nahrung meist innerhalb von zwei Kilometern zum Horst. Anders sieht das in Mitteleuropa aus. Während der Bebrütung und mit zunehmendem Alter und Hunger der Nestlinge vergrößert sich der Aktionsradius immer mehr. Die Altstörche sind dann gezwungen, immer weiter weg Nahrung und Futter zu suchen. Das Nahrungssuchgebiet dehnt sich insbesondere in der zweiten Hälfte der Nestlingszeit aus, wenn die Eltern ihre Brut nicht mehr bewachen und beide gleichzeitig auf Nahrungssuche sind. Dann brauchen ihre Jungen sehr viel Futter. Da der Storch das Futter für die Nestlinge in seinem Kropf sammelt und auf diese Weise große Mengen auf einmal aufnehmen kann, lohnt sich das Anfliegen ergiebiger Nahrungsgebiete, auch wenn diese weit weg liegen. So suchen Weißstörche in Ackerlandgebieten regelmäßig 10 bis 20 Kilometer weit entfernte Nahrungssuchgebiete auf. In Altreu beispielsweise fliegen die Brutstörche zu Grünlandwiesen im Bucheggberg oder im Wasseramt, solche vom Zoo Basel zu Nahrungsgebieten außerhalb der Stadt [104, 184, 189].

Die weiten Flugwege schlagen sich direkt in einem geringeren Bruterfolg nieder. In einer Studie in der Elberegion hatten flussnah (mit einer Distanz von weniger als zwei Kilometern zum Fluss) brütende Paare einen höheren Bruterfolg als flussfern (mit einer Distanz von über zwei Kilometern zum Fluss) brütende [45]. Denn ein weiter Flugweg hat Nachteile: Ausgedehnte Suchflüge nach feldbearbeitenden Traktoren und Nahrungsgebiete in 10 bis 15 Kilometern Distanz kosten wertvolle Zeit. Bei vier bis fünf Fütterungen pro Tag gehen durchschnittlich drei bis vier Stunden auf Kosten der reinen Flugzeit. Diese Zeit fehlt dann für die eigentliche Nahrungssuche [11].

Nahrungssuche auf Mülldeponien

Mülldeponien bieten ganzjährig eine vorhersehbare und sichere Nahrungsquelle, welche für Vögel zwar gewisse Risiken bergen, sich aber unter dem Strich positiv auf den Bruterfolg auswirken [44, 162, 163].

Ein so eleganter Vogel wie der Weißstorch scheint nicht zu Dreck, Müll und Gestank zu passen. Doch gerade auf offenen Mülldeponien profitieren die Weißstörche von Speiseresten, denn hier verzehren sie jegliche Art organischer Abfälle wie Geflügel, Wurstreste, Fischköpfe, Pasta oder Brot [8, 58, 105, 111, 132]. Das Nahrungsangebot ist hier ganzjährig vorhersehbar, räumlich konstant, gleichmäßig und zuverlässig. Die Nutzung von Mülldeponien hat beim Weißstorch alles auf den Kopf gestellt: Nahrungsspektrum, Raumnutzung, Bruterfolg, Zugverhalten.

Die Bestandszunahme der westeuropäischen Storchenpopulation und das veränderte Zugverhalten von westeuropäischen Störchen werden zu einem großen Teil den offenen Mülldeponien in Spanien und Nordafrika zugeschrieben. Zählungen ergaben, dass auf dem Zug bis zu 10 000 Störche solche Deponien nutzen und 80 Prozent der Störche in Spanien in der Nähe von Mülldeponien überwintern [79]. Besonders zur Zugzeit im August und September kann es auf südspanischen Deponien zu Massenansammlungen kommen, wenn sich rastende Störche zu ortsansässigen Brutvögeln gesellen: Auf der großen Müllhalde bei Sevilla beispielsweise hielten sich schon über 5000 Störche gleichzeitig auf!

Offene Mülldeponien dienen Weißstörchen nicht nur kurzfristig zur gezielten Nahrungsaufnahme, sondern stellen für viele Nichtbrüter und Zugvögel Tagesaufenthalts- und Überwinterungsgebiete dar [132]. Da wird nicht nur Essbares gesucht, sondern auch geruht oder das Gefieder gepflegt. Bisweilen ziehen sich die Störche in umliegende und störungsfreie Flächen außerhalb der Müllhalde zurück, um dann zur Nahrungssuche wieder die Deponie anzufliegen. Den ganzen Tag können sie so auf Deponien und in der näheren Umgebung verbringen, bis sie am Abend zu einem nahe gelegenen Schlafplatz fliegen.

Mehr als die Hälfte der spanischen Brutstörche nisten in der Nähe von Mülldeponien und ziehen ihren Nachwuchs größtenteils mit Nahrungsresten auf. Diese Storcheneltern verzeichnen denn auch einen höheren Bruterfolg gegenüber jenen, die keine offenen Mülldeponien als Nahrungsquelle für die Aufzucht nutzen [44, 162, 163].

Das Leben auf Mülldeponien hat aber auch seine Schattenseiten: Es birgt die Gefahr von Verletzungen, wenn die Tiere Plastikmaterial, Fäden, Nylon oder Batterien verschlucken oder sich verheddern [132]. Dabei sind offensichtlich jüngere Vögel stärker gefährdet. So zeigten Magenuntersuchungen von Müllstörchen, dass 63 Prozent der Jungstörche und 35 Prozent der Altstörche Plastikbestandteile in ihrem Magen tragen.

Viele Plastikteile weisen scharfe Kanten und Spitzen auf, die teilweise auch die Wand des Muskelmagens durchstoßen [121]. Vereinzelte Störche tragen auch Fäden, Plastikschnüre oder Plastikbeutel um ihre Beine oder andere Körperteile und können sich nicht mehr selbst davon befreien.

Offene Mülldeponien sind nicht mehr zeitgemäß. So legte die EU-Richtlinie 1999/31/EG bereits 1999 fest, dass Müllhalden geschlossen werden sollen und der organische Anteil des Abfalls bis 2016 auf drei Prozent gesenkt werden muss. Grund ist die Bildung von klimaschädlichem Methan bei der Verrottung von organischen Abfällen. Speisereste sollen aussortiert, kompostiert, verbrannt oder in Biogasanlagen genutzt werden. Noch hinken die Mittelmeerländer bei der Umsetzung dieser Richtlinie hinterher und der Storch profitiert weiterhin von dieser anthropogenen Nahrungsquelle. Wie sich die Veränderung von Mülldeponien auf die Bestände der Störche und auf deren Zugverhalten auswirkt, ist nicht absehbar [84].

Offene Mülldeponien gibt es in vielen Regionen um das Mittelmeer. Entlang der westlichen Zugroute und in den Wintergebieten kommen sie vor allem in Frankreich, Spanien, Portugal und Marokko vor. Doch auch entlang der Ostroute nutzen Störche neuerdings vermehrt offene Deponien, wie in der Türkei oder in Israel.

4| Horstbesetzung und Paarbildung

Kaum eine andere Vogelart eignet sich so gut wie der Weißstorch, um brutbiologische Fragen zu untersuchen und das Nestverhalten zu studieren. Die auffälligen Horste können lückenlos beobachtet werden, mit Nestkameras können wir das Brutgeschehen ohne Störungen verfolgen. Viele Störche sind beringt und erlauben das individuelle Erkennen auf große Distanz. Überdies ist der Storch ein Kulturfolger und daher wenig empfindlich gegenüber Menschen.

Ankunft im Brutgebiet

Zum Teil herrscht noch tiefster Winter, wenn die Störche in den Brutgebieten ankommen und beginnen, Nistmaterial zu sammeln.

Westzieher treffen oft bereits im Februar in ihren Brutgebieten ein und besetzen sogleich einen Horst. Vor fünfzig Jahren lag das Datum der Ankunft der ersten Störche in der Schweiz noch um den 20. März und somit einen Monat später als heute [37]. Zwar verschiebt sich die Ankunft auch bei den Ostziehern etwas nach vorne, doch weniger ausgeprägt als bei den Westziehern. In Polen beispielsweise erreicht heute der Großteil der Vögel in den ersten drei Aprilwochen sein Brutgebiet, was etwa zehn Tage früher ist als noch vor hundert Jahren [62, 126].

Bei den westziehenden Störchen geht das frühere Ankunftsdatum mit dem geänderten Zugverhalten einher. Als klassischer Transsaharazieher überwinterte der Weißstorch in der Sahelzone südlich der Sahara [16, 49, 114, 145, 189]. Inzwischen verbringen 90 Prozent der Störche den Winter in Marokko, Spanien oder bleiben ganz im Brutgebiet. Dadurch verkürzt sich der Zug zurück in die Brutgebiete beträchtlich. Benötigte ein Weißstorch früher noch einen Monat, um von der Sahelzone nach Europa zurückzukehren, so braucht er heute von Spanien nach Mitteleuropa nur noch eine Woche. Zwar überwintern die meisten ostziehenden Weißstörche nach wie vor im Tschad, im Sudan oder noch weiter südlich in Afrika, doch zeichnet sich auch bei diesen eine Tendenz zur Überwinterung bereits in Israel oder in der Türkei ab.

Doch das frühere Eintreffen im Februar fällt in Mitteleuropa noch mitten in den Winter. So können die westziehenden Weißstörche bei ihrer Rückkehr in den Brutgebieten auf Schnee und klirrende Kälte treffen. Als Pendler zwischen Extremen überfliegen sie die Sahara oder kommen aus Südspanien, um nur wenig später im Brutgebiet einer sibirischen Kälte mit Temperaturen um die –20 °C ausgesetzt zu sein. Auch wenn die Winter immer wärmer und schneeärmer werden, so zählt der Februar zu den kältesten Wintermonaten mit Temperaturen oft unter dem Nullpunkt. Energie sparen lautet dann die Devise. Bei geschlossener Schneedecke, Schneefall und Kälte bleiben die Störche oft einfach auf dem Horst, wenn die Nahrungssuche am Boden nicht möglich ist. Der Weißstorch ist ein wahrer Fastenkünstler und übersteht kaltes Wetter und Hungerperioden von einer Dauer bis zu vier Wochen [107].

Sofort nach Ankunft im Brutgebiet beginnen die Altvögel mit dem Neubau oder dem Ausbessern ihres Horstes. Zuerst werden grobe sperrige Äste verbaut, bevor die Nestmulde mit feinem Material ausgepolstert wird.

Die Männchen erscheinen in der Regel vor den Weibchen im Brutgebiet [60]. Sofort nach Ankunft besetzt das Männchen seinen Vorjahreshorst. Es verbleibt meist auf dem Nest oder in nächster Nähe und sucht in Sichtdistanz nach Nistmaterial oder Nahrung. Dies erlaubt es ihm, beim Auftauchen eines Rivalen sofort einzugreifen. Wenig später treffen auch die Weibchen ein. Teilweise finden sich die Paare vom Vorjahr wieder oder sie verpaaren sich neu.

Vergleich Phänologie West- und Ostzieher

Das geänderte Zugverhalten der Westzieher und wärmere Wintertemperaturen haben direkten Einfluss auf den Legebeginn [106]. Die ersten Eier werden heute anfangs bis Mitte März gelegt. Vor wenigen Jahrzehnten lag der Legebeginn noch fast einen Monat später.

Anders ist es bei den Ostziehern. Die Mehrheit der Ostzieher überwintert nach wie vor in Afrika, kehrt später in die Brutgebiete zurück und beginnt entsprechend später mit der Eiablage. Mittlerweile beträgt der Unterschied zur Westpopulation drei bis fünf Wochen. Aufgrund einer kürzeren Nestlingszeit der Ostzieher verkürzt sich der Unterschied beim Ausfliegen um etwa eine Woche.

nach Webcam-Daten von 39 Bruten [193–209]

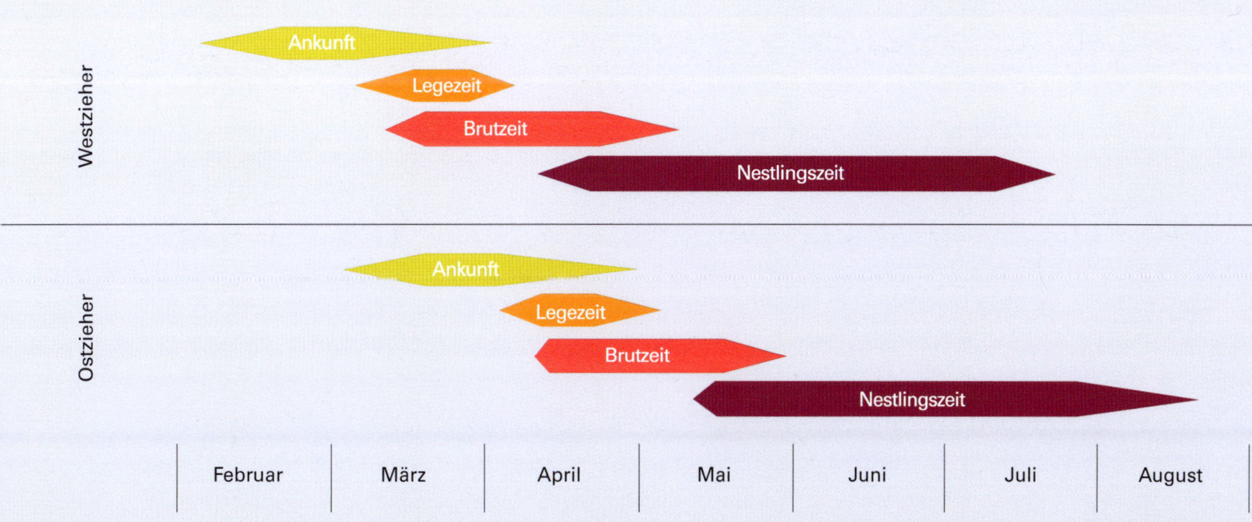

Erbitterte Horstkämpfe

Während der Zeit der Nestbesetzung kommt es immer wieder zu heftigen Horstkämpfen. Jungstörche und nestlose Altstörche versuchen, einen bereits besetzten Horst zu erobern.

Die ersten Tage nach Ankunft im Brutgebiet ist die turbulenteste Zeit in einer Storchenkolonie. Scheinangriffe und erbitterte Kämpfe um einen Horst zielen darauf ab, einen Altvogel oder ein Paar von seinem Horst zu vertreiben und die Lücke zu füllen. Gerade bei einer wachsenden Population, wie es momentan in Mitteleuropa der Fall ist, gibt es im Frühling mehr brutwillige Störche als Horste. Die Konkurrenz um bereits bestehende Nester ist daher größer und die Kämpfe sind häufiger und dauern länger an [165]. Da ein alter Horst nur ausgebaut und verbessert werden muss, bedeutet dies für die Störche einen geringeren Aufwand, eine frühere Paarbildung und ein früherer Brutbeginn, was wiederum einen deutlich größeren Bruterfolg verspricht [46, 166].

Besonders erbittert und andauernd fallen Kämpfe aus, wenn ein Rückkehrer «sein» Nest besetzt vorfindet oder ein Horstbesitzer vertrieben wird und sein Nest zurückerobern will. In diesen Fällen werden die Angriffe heftig ausgeführt und der Angreifer versucht, auf dem Horst zu landen. Es kann zu Verletzungen kommen, sogar zu tödlichen. Regelmäßig führt dies zu kurzen oder längeren Kämpfen, in denen beide Kontrahenten mit Schnabelhieben und Schnabelstichen flügelschlagend aufeinander losgehen. Dabei handelt es sich um Beschädigungskämpfe, bei denen die Störche ihren Schnabel als Waffe einsetzen: Mit leicht geöffnetem Schnabel stoßen sie wie mit einem Dolch Richtung Kopf und Brust des Rivalen.

Beschädigungskämpfe

Bei seiner Rückkehr nach Altreu besetzte ein Männchen wieder seinen Horst, auf welchem er im Vorjahr erfolgreich gebrütet hatte. Nach heftigen Kämpfen wurde es aber von einem Storchenpaar vertrieben. Das verjagte Männchen gab nicht auf und versuchte, seinen Horst zurückzuerobern. An den Folgetagen flog es mehrmals stündlich Angriffe auf die neuen Besetzer seines ehemaligen Horstes. Dabei kam es immer wieder zu kurzen oder längeren Kämpfen. Heftig setzte es seinen Schnabel ein, und die neuen Besitzer waren gezeichnet von den heftigen Kämpfen: An Kopf und Oberkörper waren überall Blutflecken zu sehen. Zwar verteidigten die neuen Nestbesitzer ihren Horst bis Ende der Brutsaison, doch waren die Störungen so groß, dass keine erfolgreiche Brut stattfand. Mehrmals fielen bei den Kämpfen Eier aus dem Nest.

Brüten in der Kolonie oder solitär?

Weißstörche brüten gerne in Kolonien und nehmen auch Stangendörfer an.

Der Weißstorch ist eine soziale Art und schließt sich zum Brüten oft in lockeren Kolonien zusammen, bisweilen sind die Nester nur wenige Meter voneinander entfernt [169]. Auffällig ist das in Storchendörfern, Zoos, Stangendörfern oder in natürlichen Kolonien, wo Weißstörche in nächster Nähe zueinander auf Häusern, in Bäumen, auf Felsen oder Strommasten brüten. Die Territorialität beschränkt sich dann auf den Horst selbst oder schließt höchstens noch die nächste Nestumgebung mit ein. Andererseits kann ein Paar aber auch weit weg von anderen sein Nest bauen. Im Gegensatz zu Koloniebrütern verteidigen einzeln brütende Paare normalerweise ein Gebiet gegen andere Störche, welches wenige hundert Meter um den Horst umfasst.

Ob eine Art ein größeres Revier oder Territorium verteidigt oder in Kolonien brütet, wird oft primär durch das Auftreten ihrer Beutetiere und ihre Nahrungssuche bestimmt. Der Storch ist Generalist und seine Nahrung ist weit zerstreut. Die Nahrungsaufnahme wird vorab durch die Sammelzeit und nicht durch das Vorkommen der Beutetiere beschränkt. Der Storch kämpft gewöhnlich nicht um Beutetiere und verteidigt deshalb kein Nahrungsrevier. Dies erlaubt es ihm, in Gruppen Nahrung zu suchen und so auch in Kolonien zu brüten.

Neststandorte

Der Weißstorch brütete in historischer Zeit auf Bäumen, wie es der Schwarzstorch heute noch macht. Daneben dürften Felsbruten vorgekommen sein. Als Kulturfolger wählte der Weißstorch jedoch allmählich menschliche Bauten als sekundären Neststandort. Schon seit dem Mittelalter sind Storchenhorste auf Häusern und Kirchen bekannt. Der älteste Nachweis einer Brut auf einem menschlichen Bauwerk ist von der Kirche im dänischen Gudne. Hier sind Bruten ab den 1570er-Jahren belegt. Im Weiteren existieren Bilder aus dem Mittelalter, die Storchennester auf Häusern, Schornsteinen oder Burgen zeigen. Bereits aus dem 16. Jahrhundert sind künstliche Nestunterlagen auf Hausdächern dokumentiert, die man sich sogar etwas kosten ließ [37, 139].

Früher war es dem Storch auf schilfbedeckten Dächern oder Steindächern leichter gefallen, ein Nest anzulegen. Auf modernen Dachgiebeln ist der Bau eines Nestes meist nur dank künstlicher Nisthilfen möglich, da auf den glatten Dächern Nistmaterial sofort abrutscht und kaum verankert werden kann. Giebelverzierungen, ein Schornstein oder Dachrinnen schaffen aber manchmal eine Gelegenheit, erste Äste darin zu verhaken und somit die Grundlage für einen neuen Horstplatz zu legen. Dies können auch horizontale Drähte oder Zinnen zur Storchabwehr sein.

Störche lieben es hoch. Gewöhnlich erbauen sie ihren Horst zwischen 10 und 20 Meter über Boden, bisweilen sogar bis über 40 Meter. Sehr selten werden tiefer gelegene Horste oder sogar Bodennester gebaut. Neben Neststandorten auf Hausdächern werden auch andere menschliche Unterlagen gerne und häufig genutzt: Strommasten, Baukräne, Wassertürme, Befestigungsanlagen, Schornsteine, künstliche Stangenhorste oder Mobilfunkantennen. Nach wie vor nutzt der Weißstorch aber auch natürliche Standorte unterschiedlichster Art, die einen freien An- und Abflug gewährleisten: Bäume, hohe Steinblöcke, Felsen [60]. Hier ein paar Beispiele für außergewöhnliche natürliche Storchenkolonien [79]:

- In der Kolonie Dehesa de Abajo (Spanien) brüten die Weißstörche auf wilden Olivenbäumen. Hier liegen die Horste meist kaum fünf Meter über Boden.
- In Portugal brüten Weißstörche auf den Meeresklippen von Cabo Sardão.
- In den Marchauen nahe bei Wien besteht eine reine Baumkolonie, wo zum Teil gleich mehrere Nester auf demselben Baum erbaut wurden.
- In Los Barruecos beim spanischen Storchendorf Malpartida de Cáceres legten die Weißstörche ihre Horste auf großen Granitfelsen an.

Eine landschaftliche Besonderheit bilden die riesigen Steinblöcke von Los Barruecos beim spanischen Storchendorf Malpartida de Cáceres. Auf Granitfelsen gründeten die Weißstörche eine besonders sehenswerte Kolonie.

Bauwerke weisen mehrere Vorteile auf: Sie sind stabil genug, um auch große Horste tragen zu können, der An- und Abflug ist frei und dort gebaute Nester sind für Bodenfeinde schwer erreichbar. Die Nähe zum Menschen, Zivilisationslärm oder bewegliche Baukräne stören dabei wenig. Zum Brüten werden manchmal auch spezielle Gebäude ausgewählt: In Mérida (Spanien) beispielsweise nisten Störche auf dem römischen Aquädukt *Acueducto de los Milagros*. Auf der Kirche *Colegiata de San Miguel Arcángel* der spanischen Stadt Alfaro befindet sich mit bis zu 140 Storchenpaaren die größte urbane Storchenkolonie der Welt. Alfaro wird deshalb auch «Welthauptstadt der Störche» genannt.

Horste auf **Strom- und Telefonmasten** sind in der Schweiz relativ selten. In anderen Populationen wie zum Beispiel in Polen befindet sich hingegen ein Großteil der Nester auf Strommasten. Ein Nest auf einem Mast kann jedoch die Strom- oder Telefonversorgung stören. Deshalb ist es empfehlenswert, auf den Strommasten erhöhte künstliche Nestplattformen zu montieren.

In künstlichen **Stangendörfern** nimmt der Weißstorch gerne freistehende künstliche Nestplattformen auf Stangen an, so zum Beispiel im Murimoos, in Altreu oder in den Zoos Basel und Zürich. In Spanien gibt es Stangendörfer, in denen gleich mehrere Dutzend Storchenpaare nahe beieinander brüten.

Der Weißstorch dürfte in historischer Zeit primär auf **Baumhorsten** gebrütet haben. Bevorzugt bauen Störche ihre Horste bei Bäumen nahe am Stamm, eher selten auf ausladenden starken Ästen. Wichtig ist die freie An- und Abflugmöglichkeit, weshalb von der Wuchsform her nicht alle Baumarten geeignet sind. Weißstörche nutzen gerne Eiche, Zitterpappel, Birke, Weide, Linde, Esche, Ulme, Wald-Föhre, Apfel- und Birnbaum als Unterlage. Beliebt sind auch abgestorbene Bäume oder Baumstrünke, bei denen die Krone abgebrochen ist.

Felsenhorste oder Nester auf großen Steinblöcken zählen zu den ursprünglichen Neststandorten von Weißstörchen. Da sich Felsen und Häuser von der Struktur her ähneln, könnten Felsenhorste auch erklären, wie der Weißstorch ähnlich dem Hausrotschwanz und dem Alpensegler von ehemalig natürlichen Felshabitaten auf Häuser wechselte.

Bodennester sind historisch kaum belegt. Ein Storchenpaar in der Estremadura wählte einen besonderen Standort: Es brütete auf einer kleinen Insel kaum größer als der Horst inmitten eines kleinen Sees.

Nachfolgende Doppelseite: In der malerischen Landschaft von Los Barruecos (Malpartida de Cáceres, Spanien) brüten die Störche auf den höchsten Granitblöcken. Diese atemberaubende und einmalige Landschaft wurde über Jahrtausende durch Erosion geformt.

Čigoć in den kroatischen Save-Auen ist das erste Dorf, welches die Auszeichnung als Europäisches Storchendorf erhielt. Die Störche brüten hier auf den Dächern historischer Holzhäuser, welche als Kulturdenkmäler geschützt sind.

Am Cabo Sardâo brüten Störche in den steilen Felsklippen über dem Meer. Ihre Nahrung suchen sie im dahinterliegenden Grasland.

Neststandorte in Altreu

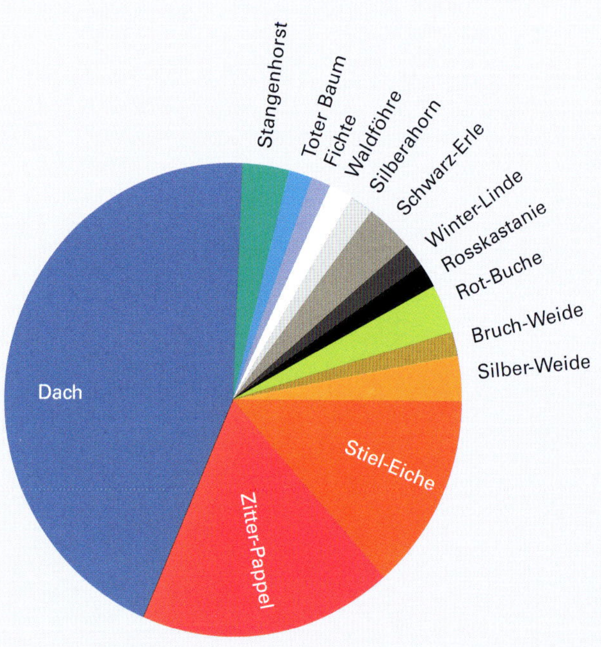

In der Aareebene zwischen Büren und Altreu brütet knapp die Hälfte aller Störche auf menschlichen Strukturen, wobei Nester auf Dächern die Mehrheit ausmachen. Viele Störche brüten auch auf verschiedenen Baumarten, wobei die meisten so geschnitten sind, dass Horstplattformen entstehen.

nach Daten von L. Heer: 61 Nester im Jahr 2023

Bindung an den Horst und Paarbildung

Männchen zeigen eine starke Bindung an ihren Horst und verteidigen diesen oft über Jahre. Die Weibchen sind diesbezüglich etwas freier und es herrscht Damenwahl. Sie treffen gewöhnlich wenige Tage nach den Männchen am Brutplatz ein [28]. Ältere Weibchen finden sich meist bei ihrem Horst der Vorjahre und somit ihrem ehemaligen Partner ein, was quasi zu einer Dauerehe führt. Jüngere Weibchen fliegen nach Ankunft oft nacheinander mehrere Horste an, verweilen einige Zeit auf einem Nest und gehen dann zum nächsten.

Die Männchen akzeptieren meist das erste Weibchen, welches auf seinem Nest erscheint [7]. Auch wenn ein Weibchen sich scheinbar für ein Nest und ein Männchen entschieden hat, so besucht es in der Anfangszeit noch häufig Nachbarnester und paart sich mit anderen Männchen. Aus Sicht des Weibchens machen Fremdpaarungen Sinn: Dadurch kann es trotzdem befruchtete Eier legen, auch wenn das Männchen unfruchtbar sein sollte, mit dem es zusammen die Jungen aufzieht. Auch Männchen profitieren von außerehelichen Paarungen, da sie so zu weiterem Nachwuchs kommen, ohne nachher für ihn sorgen zu müssen. Gleichzeitig verlieren dadurch aber andere Männchen, da sie in ihrem eigenen Nest Kuckuckskinder aufziehen und so Junge füttern, die nicht ihre eigenen sind [168].

Die einst so gelobte Monogamie und Treue des Storchs trifft somit nur bedingt zu. Tatsächlich zeigen Vaterschaftsanalysen mittels DNA-Fingerprinting, dass sich in bis zu einem Viertel der Nester Junge eines anderen Vaters finden [168].

Eine eigentliche Balz, wie sie bei vielen anderen Vögeln vorkommt, kennt der Weißstorch nicht. Anstelle des Balzverhaltens können folgende Verhaltensweisen aber der Paarbindung und der partnerschaftlichen Kommunikation zugeordnet werden:

- **Begrüßungsklappern:** Auffällig ist das partnerschaftliche Klappern zur Begrüßung.
- **Gegenseitige Gefiederpflege:** Ein Partner putzt mit seinem Schnabel das Gefieder des anderen, insbesondere im Kopf-, Hals- und Rückenbereich [180].
- **Synchrone Gefiederpflege:** Diese läuft teilweise ritualisiert ab, beide Partner zeigen dabei Spiegelverhalten und putzen sich mit synchronen Handlungsabläufen.
- **Ritualisierter Nestbau:** Beide Altvögel führen simultane Nestbaubewegungen aus, ohne wirklich am Nest zu bauen.

Mit Beginn des Herbstzugs löst sich die Paarbindung auf. Es gibt nur wenige Meldungen von Paaren, die auch im Wintergebiet und im Winterhalbjahr zusammenbleiben. Ein Beispiel hierfür sind Enara und Goyo. Die beiden besenderten Störche leben ganzjährig in der Umgebung von Madrid, brüten gemeinsam und ziehen auch im Winter teilweise gemeinsam umher [189].

Während der Zeit der Paarbindung steht das Männchen oft mit geöffneten Flügeln beim Weibchen, um seine Größe zu zeigen und zu imponieren.

Brutpaare verbringen die Nacht gewöhnlich gemeinsam auf ihrem Nest.

Ablauf einer Paarung

Bei der Paarung hält das Männchen auf dem Rücken des Weibchens mit geöffneten Flügeln das Gleichgewicht.

Das Männchen beginnt eine Paarungsaufforderung, indem es ein- oder zweimal um das Weibchen herumläuft. Das Weibchen signalisiert mit horizontal ausgerichtetem Körper sowie gesenktem Kopf Paarungsbereitschaft. Das Männchen stellt sich seitlich neben das Weibchen, legt seinen Schnabel über den Hals oder Rücken des Weibchens (a), bevor es auf den Rücken des Weibchens fliegt und mit den Flügeln schlagend das Gleichgewicht sucht (b). Das Weibchen nimmt die Kopulationshaltung ein, indem es sich waagrecht etwas duckt, die Flügel leicht abspreizt und die Schwanzfedern nach oben richtet. Danach senkt sich das Männchen und setzt sich auf den Rücken des Weibchens (c). Durch Absenken und Abdrehen des Schwanzes erfolgt der Kloakenkontakt. Vorwiegend das Männchen macht dabei ein helles rhythmisches Knappen mit dem Schnabel und schlägt dabei leicht an Kopf, Hals oder Schnabel des Weibchens. Während der eigentlichen Paarung hält das Männchen seine Flügel leicht geöffnet, um das Gleichgewicht zu halten. Normalerweise dauert eine Paarung zehn bis zwanzig Sekunden, bis das Männchen wieder von dem Weibchen abspringt. Nach der Paarung gibt es keine speziellen Verhaltensweisen, oft folgen Klappern, Gefiederpflege oder kurze Nestbaubewegungen [28].

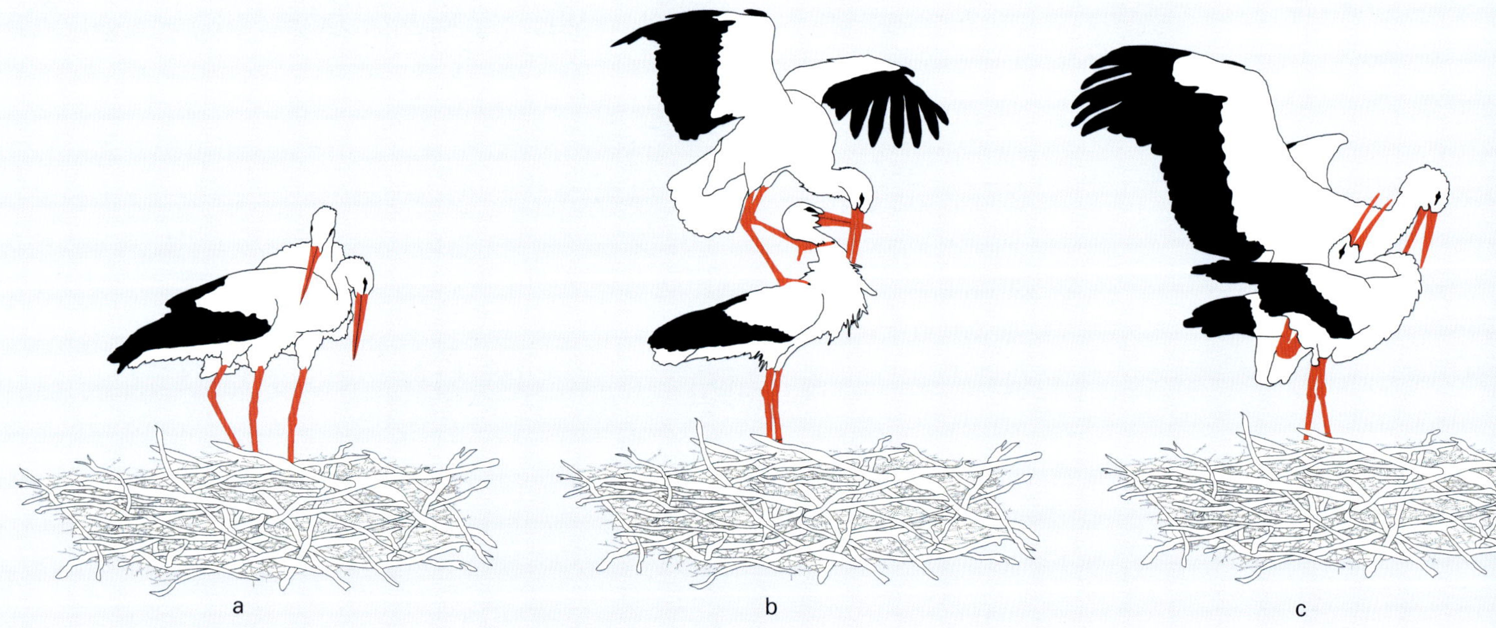

Nistmaterial

Unzählige Flüge mit Nistmaterial sind notwendig, um einen stattlichen Horst entstehen zu lassen.

Ein Storchenhorst ist ein Lebenswerk. Ein Paar baut während der ganzen Brutzeit, trägt grobes und feines Nistmaterial ein. Da ein Nest Jahr für Jahr wiederverwendet wird, nimmt es von Brutsaison zu Brutsaison immer stattlichere Ausmaße an und kann über eine Tonne wiegen.

Altvögel sammeln Nistmaterial zu Beginn in eigens dafür durchgeführten Flügen. Später in der Brutsaison lesen sie nach der Nahrungssuche und kurz vor dem Anfliegen des Horstes noch eiligst etwas Nistmaterial auf und transportieren es zum Nest. Bereits ältere Nestlinge zeigen Nestbauverhalten und picken an Ästen am Horstrand herum und versuchen, Zweige besser zu platzieren.

Für den Unter- und Außenbau verwenden Weißstörche grobe, verwinkelte und knorrige Äste und Zweige. Diese besitzen einen Durchmesser von ein bis zwei Zentimetern und können eine beachtliche Länge aufweisen. Störche sammeln sie vom Boden auf oder stibitzen sie von einem unbewachten Horst. Im Nest legen sie den Zweig auf den Rand und verankern ihn. Passt ein Zweig an einer Stelle nicht, versuchen sie ihn an einem anderen Ort besser zu verbauen.

Feines Nistmaterial dient zum Auskleiden der Nestmulde: Gras, dürre Blätter, Moos, Heu, aber auch Mist, Pferdedung, Plastikfolien oder alte Textilstücke. Das feine Nistmaterial polstert die flache Nestmulde aus und dient während der Bebrütung zur Wärmeisolation. Feines Nistmaterial ist jedoch vergänglich und besonders nach Regen werfen die Brutstörche altes Material mit dem Schnabel über den Nestrand. Denn nur neues Innenmaterial gewährleistet eine gute Isolierfunktion und verhindert ein übermäßiges Vernässen der Jungen durch vermoderndes Nistmaterial.

Trotz dieser Pflege können ältere Horste für Nestlinge zur tödlichen Falle werden: Viel Erde, Mist, verrottendes Pflanzenmaterial und Speiballen verkleben die Mulde. Dadurch verdichtet und verfestigt sich der Nestboden zementartig und Regenwasser läuft nur schwerlich ab. Bilden sich Pfützen, werden kleinere Jungvögel durchnässt und sterben an Unterkühlung.

Das Brüten in Kolonien birgt für den Weißstorch einen Nachteil: Weißstörche stibitzen gerne Nistmaterial vom Nachbarhorst, wenn dieser nicht bewacht ist. Dies zwingt die Horstbesitzer, ihr Nest höchstens für kurze Zeit zu verlassen oder in der Nähe zu bleiben. Beispielsweise bewachte in Altreu ein unverpaartes Männchen intensiv seinen Horst. Als es nur kurz für das Entwenden von groben Ästen auf ein Nachbarnest flog, suchten zwei andere Störche sein Nest auf und stahlen ihm Äste.

Insbesondere nach Regenfällen werfen Altvögel nasses Nistmaterial aus dem Nest und bringen frisches ein.

Feines Nistmaterial wird für den Innenausbau verwendet und isoliert die Eier bestens während der Bebrütung.

SM680

5| Vom Gelege zu den ersten Flugversuchen

Bei den Weißstörchen herrscht Gleichberechtigung. Sind die meist vier bis fünf Eier gelegt, so brüten beide Altvögel etwa zu gleichen Anteilen und lösen sich dabei regelmäßig ab. Auch an der Aufzucht der Jungvögel beteiligen sich beide Eltern. In der ersten Hälfte der Nestlingszeit bleibt ein Altvogel bei den Jungen, der andere geht auf Futtersuche. In der zweiten Hälfte suchen dann Männchen und Weibchen gleichzeitig nach Futter, um den großen Bedarf der Jungstörche decken zu können.

Monogam oder doch nicht so monogam?

Beim Weißstorch helfen beide Eltern gleichwertig an der Jungenaufzucht. Männchen und Weibchen bauen am Nest, beide brüten und beide versorgen den Nachwuchs mit Futter.

Der Storch galt lange Zeit als Symboltier für Monogamie: jahrelange Treue zu demselben Partner und gemeinsame Jungenaufzucht. Nestkämpfe wurden sogar von Moralaposteln missdeutet und als sogenannte Storchengerichte interpretiert, indem untreue Störchinnen von Artgenossen getötet werden. Da beide Geschlechter über Jahre hinweg denselben Horst nutzen, führt dies tatsächlich oft zu einer langen Paarbindung, sodass es nicht erstaunt, dass der Weißstorch vielen Menschen monogam erschien. Verstärkt wird das harmonische Bild durch die gleichwertige Aufteilung der Brutaufgaben. Die Nestpartner bauen, bewachen und verteidigen den Horst gemeinsam. Auch bebrüten sie die Eier abwechselnd, da sie sonst während einer Brutpause abkühlen oder von Greifvögeln geraubt werden könnten. Auch während der Nestlingszeit braucht es beide Eltern: Zu Beginn hudert ein Altvogel, bewacht und schützt die Nestlinge vor Wettereinflüssen und Luftfeinden, während der andere auf Futtersuche geht. In der zweiten Hälfte der Nestlingszeit gehen beide Eltern gleichzeitig auf Futtersuche für die hungrigen Jungvögel.

Männchen verfolgen zwei Strategien, um sich ihre Vaterschaft zu sichern und fremde Kinder zu verhindern: Weibchen-Bewachung und häufige Paarungen. Vor und während der Legeperiode verbringen Storchenpaare die meiste Zeit gemeinsam auf ihrem Horst, das Männchen bewacht gleichzeitig den Horst und das Weibchen. Fliegt das Weibchen jedoch zur Nahrungssuche weg, so muss sich das Männchen zwischen Weibchen- und Horstbewachung entscheiden. Gewöhnlich bewacht es weiterhin sein Nest. Männchen müssen aber auch selbst Nahrung suchen. Fittere Männchen sind im Vorteil, da sie Nahrungsausflüge seltener und kürzer halten können. So bleibt ihnen mehr Zeit, den Horst und das Weibchen zu bewachen.

Da das Storchenmännchen sein Weibchen nicht rund um die Uhr bewachen und fremde Männchen fernhalten kann, setzt es ebenfalls auf die Strategie häufiger Kopulationen. Vor der Eiablage paaren sich Weißstörche mindestens einmal pro Stunde, was über 10 Paarungen pro Tag ergibt. Mit 160 bis 200 Paarungen pro Gelege gehören die Weißstörche zu den Vogelarten mit einer sehr hohen Rate [158].

Die gleichzeitige Anwendung von Weibchen-Bewachung und häufigen Paarungen ist bei Vögeln eher selten, kommt aber bei koloniebrütenden Arten aufgrund des größeren Risikos von Kuckuckskindern häufiger vor [19]. Somit passt der Weißstorch in dieses Bild. Die ihm oft zugeschriebene Monogamie und lebenslange Treue haben hingegen wenig mit der Realität zu tun.

Der Weißstorch paart sich ausschließlich auf dem Nest, und das nicht gerade selten. Mit weit mehr als hundert Paarungen pro Gelege gehört der Weißstorch zu den Vogelarten mit den höchsten Raten.

Während ihrer Anwesenheit im Brutgebiet verbringen Paare einen großen Teil ihrer Zeit gemeinsam auf dem Nest. Oft brüten dasselbe Männchen und Weibchen über Jahre auf ihrem Horst. Dies verleitete zur Annahme, Störche seien monogam.

Geschlechtskonflikt, Strategien von Männchen und Weibchen

Auch wenn das Storchenpaar bei der Aufzucht der Jungen bestens harmoniert, so verfolgen Männchen und Weibchen unterschiedliche Fortpflanzungsstrategien.

Der Weißstorch ist eine Art mit hoher Elternfürsorge. Da ein Altvogel eine Brut nicht allein aufziehen kann, kooperieren Männchen und Weibchen bei der Aufzucht der Jungen. Sie verfolgen jedoch unterschiedliche Ziele, wenn es um die maximale Zahl eigener Jungen geht. Dies führt zwangsläufig zu einem Geschlechtskonflikt zwischen den Partnern [19].

Strategien der Männchen

- Männchen möchten möglichst viele eigene Nachkommen. Deshalb streben sie Paarungen mit fremden Weibchen an, um eigene Nestlinge in fremden Nestern zu zeugen, ohne hierfür zusätzlich Elternfürsorge leisten zu müssen.
- Im Gegenzug versuchen Männchen, Junge fremder Männchen im eigenen Nest zu verhindern. Deshalb bewachen Männchen ihre Weibchen so dauerhaft wie möglich und paaren sich mit ihnen häufiger, als es für die Befruchtung eines Geleges notwendig wäre. Höhepunkt ist während der fertilen Phase des Weibchens, etwa eine Woche vor und während der Eiablage.
- Männchen paaren sich nach einer kurzzeitigen Trennung umgehend mit dem Weibchen. Dadurch können sie das Risiko einer Fremdbefruchtung während ihrer Abwesenheit verringern.

Strategien der Weibchen

- Weibchen zeigen eine starke soziale Bindung und stellen somit sicher, dass das soziale Männchen auch der Vater der meisten Jungen ist. Dadurch sichert es sich seine väterliche Fürsorge beim Brüten und Füttern.
- Weibchen paaren sich gelegentlich mit fremden Männchen und die Jungen in seinem Nest sind dann teilweise von verschiedenen Vätern. Dadurch vergrößert sich die genetische Vielfalt der Nachkommen, was wiederum die Anpassungsfähigkeit bei möglichen Änderungen der Lebensbedingungen sowie gegenüber Krankheiten und Parasiten erhöht.
- Weibchen paaren sich mit fremden Männchen, um eine Befruchtung des Geleges sicherzustellen, falls das soziale Männchen unfruchtbar ist.

Eier und Gelegegröße

Die Eier des Weißstorchs sind ungefleckt, matt und weißlich bis kalkweiß. Im Verlauf der Bebrütung können sich die Eier infolge des Nistmaterials bräunlich verfärben und Schlierenmuster aufweisen. Die Oberflächenstruktur ist körnig und geraut. Die Eigröße und Eimasse schwanken erheblich, variieren geografisch und in der Reihenfolge der Eiablage. Gewöhnlich wiegen die Eier zwischen 95 und 138 Gramm und sind 70–78 × 50–56 Millimeter groß [37, 60, 125].

Die Gelegegröße beträgt bei älteren Brutstörchen gewöhnlich vier bis fünf Eier, ausnahmsweise bis zu sieben [25, 27, 194–209]. Erstbrüter oder jüngere Störche legen oftmals nur Gelege mit zwei oder drei Eiern [59, 60].

Im Verlauf der Legeperiode nimmt das Eigewicht und somit der Proviant für die Embryonen ab, entsprechend geringer ist ihr Schlupfgewicht. Zusammen mit dem späteren Schlupfdatum haben Jungvögel von später gelegten Eiern somit eine schwierigere Ausgangslage als ihre Geschwister. Sie haben nur eine Überlebenschance, wenn ein reiches Nahrungsangebot vorhanden ist oder aus anderen Eiern keine Küken schlüpfen. Für die Altvögel bilden spät gelegte Eier eine Zusatzversicherung mit wenig Aufwand, sollten die erstgelegten unbefruchtet sein.

Mit rund 32 Tagen Brutdauer und gewöhnlich über 70 Tagen Nestlingszeit erfolgt beim Weißstorch in der Regel nur eine Jahresbrut. Nachgelege bei Verlust von Eiern oder Nestlingen sind selten, da die Zeit hierfür schlicht nicht ausreicht. Dennoch gibt es selbst beim Verlust von Jungvögeln einzelne Nachweise: In Denens (Waadt) beispielsweise starben am 14. Mai 1995 während einer Schlechtwetterphase alle Jungvögel. Trotz der fortgerückten Jahreszeit schritten die Altvögel zu einer Zweitbrut, die Nestlinge schlüpften am 9. Juli und flogen erst im September aus [2].

Weibchen legen alle zwei Tage ein Ei. Weißstörche brüten in der Regel ab dem zweiten Ei. Somit schlüpfen zwei oder drei Jungvögel gleichzeitig, die aus später gelegten Eiern erst in einem Abstand von zwei Tagen.

Bebrüten und Behüten

Männchen und Weibchen brüten etwa zu gleichen Teilen und wechseln sich tagsüber alle zwei bis drei Stunden ab, bis die Küken nach 31 bis 32 Tagen schlüpfen.

Während des Brütens steht der Altvogel rund alle 20 bis 30 Minuten auf und rollt die Eier, um diese gleichmäßig zu erwärmen. Er rückt feines Nistmaterial in der näheren Eiumgebung zurecht oder entfernt gröberes und verklebtes Material aus der Nestmulde. Der sitzende Altvogel schiebt auch feines Nistmaterial von außen gegen seinen Körper, um die Nestmulde thermisch gut abzudichten und einen unnötigen Wärmeverlust zu verhindern.

Die Altvögel bewachen das Nest während der Bebrütung und in den ersten Wochen der Nestlingszeit. Dies ist bitter nötig, denn der exponierte Horst präsentiert Eier und kleine Nestlinge wie auf dem Serviertablett, was

Gelegegröße früher und heute

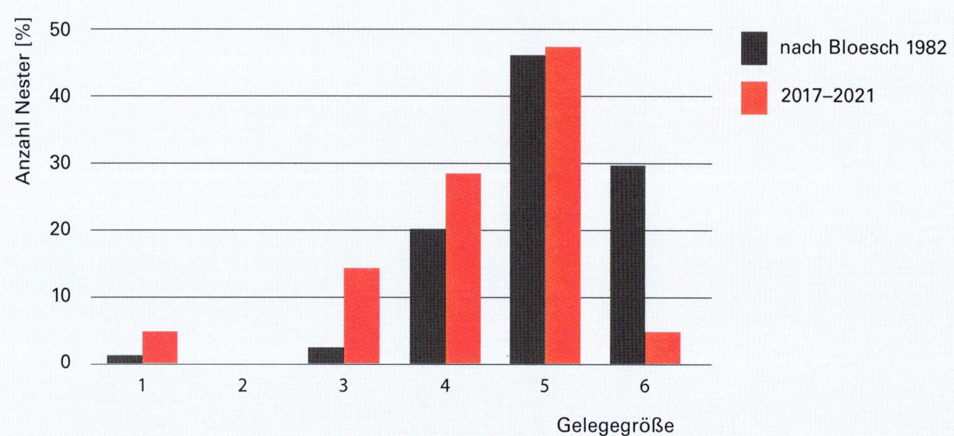

Die Grafik zeigt die Gelegegröße nach Bloesch 1982 [25] [n=84] und in den Jahren 2017–2021 [n=21] in Altreu [194]. In der Regel legen Weißstörche drei bis sechs Eier, wobei Fünfergelege knapp die Hälfte aller ausmachen. Auffallend ist die gegenwärtige Abnahme von Sechsergelegen im Vergleich zu früheren Zeiten.

für Greifvögel ein leicht gefundenes Fressen wäre. Aber auch gegen andere Störche müssen das Nest und sein Inhalt geschützt werden. Nichtbrüter sind allzeit zu einer Nestübernahme bereit und würden Eier oder kleine Küken sogleich aus dem Nest werfen.

Vielfach schlüpfen nicht aus allen Eiern Storchenküken, was in Anbetracht der hohen Paarungsrate erstaunt. Über ein Fünftel der Eier sind unbefruchtet oder Embryonen sterben ab. Insbesondere die Eier 5 und 6 weisen einen sehr hohen Anteil abgestorbener Embryonen auf. Dies tritt besonders in den letzten Entwicklungstagen auf, wenn die Altvögel nach dem Schlüpfen der ersten Jungen häufiger aufstehen und weniger intensiv brüten. Möglicherweise kühlen dadurch die verbleibenden Eier ab und die Embryonen sterben.

Der Storch federt diesen außergewöhnlich hohen Anteil unbefruchteter Eier mit einer etwas zu großen Gelegegröße ab, die er beim Schlupf aller Jungen nachträglich durch das Töten eigener Küken (Infantizid) korrigiert [79].

Viele Eier ohne Schlupferfolg

Die Grafik zeigt die Schlupfrate der Eier in der Reihenfolge ihrer Ablage. Mehr als eines von fünf Eiern ist unbefruchtet oder der Embryo stirbt während der Bebrütung ab. Den größten Schlupferfolg haben die Eier 2 bis 4 in der Reihenfolge ihrer Ablage.

nach Daten in Bloesch 1982 [25]

Entwicklung der Nestlinge

Junge Küken in ihrem ersten Dunenkleid.

Die jungen Weißstörche schlüpfen mit dem ersten, grauweißen Dunenkleid. Nach einer Woche wird es vom zweiten, weißlichen Dunenkleid durchwachsen, welches länger und dichter als das erste ist. Die eigentlichen Deckfedern schützen sie erst ab fünf Wochen. Auch die Flügelfedern wachsen: Zu Beginn sind erst kleine Kielspitzen sichtbar, nach vier Wochen sind die Schwungfedern rund zwei Zentimeter lang. Nach sechs Wochen sind Hand- und Armschwingen gut ausgebildet und bereit für erste Flugübungen auf dem Nest. Im Alter von acht Wochen haben sich dann die Küken zu stattlichen Jungstörchen entwickelt, die in ihrer Größe ihren Eltern kaum noch nachstehen [12, 37, 167].

Bei jungen Nestlingen ist der Schnabel schwärzlich. Langsam färbt er sich von der Basis her um und ist in der sechsten Woche etwa zu einem Drittel blassrot, vor allem am Unterschnabel. Beim Verlassen des Nests ist der Schnabel mehrheitlich rot, auch wenn noch schwarze Stellen entlang der Schnabelkanten sichtbar sind [194–209].

Eine ähnliche Umfärbung machen auch die Füße und Beine durch. Sie sind beim Schlüpfen rosa, nach wenigen Tagen werden sie schwarzgrau, um im Verlauf der folgenden Wochen zu rotgrau bis grauschwarz zu wechseln.

Bereits im Alter von wenigen Tagen zeigen die Nestlinge ein Putzverhalten. Bis ins Alter von etwa sechs Wochen sind ihre motorischen Fähigkeiten noch gering und die Gefiederpflege gleicht eher einem Herumfuchteln mit dem Schnabel in den Federn. Doch verfügen sie bereits über das gesamte Inventar an Putzbewegungen: Pflege von Körpergefieder, Flügeldecken, Schwingen, Schwanzfedern. In dieser Zeit übernehmen noch die Eltern die Gefiederpflege, welche häufig mit der Schnabelspitze die Dunenfedern der Nestlinge bearbeiten. Die Fähigkeiten der Nestlinge zur Gefiederpflege ändern sich im Alter von etwa acht Wochen, wenn die Schnabelbewegungen der Jungen feiner und kontrollierter werden.

Im Alter von rund fünf Wochen sind die Nestlinge im zweiten Dunenkleid, es fehlen ihnen aber noch die schützenden Deckfedern.

Dieser Jungvogel ist bereits fast so groß wie seine Eltern. Der Schnabel ist noch schwärzlich, doch am Unterschnabel zeigen sich schon die ersten rötlichen Stellen.

Fütterungen: Auf die Plätze, fertig … fressen

Kehrt ein Altvogel mit vollem Kropf zum Nest zurück, so positionieren sich die Jungvögel bettelnd um den Schnabel des Altvogels. Sobald das Futter in die Mitte des Nestes hervorgewürgt ist, beginnt ein Wettrennen um die gebrachten Beutetiere.

Kehrt ein Altvogel mit Futter zum Nest zurück, beginnen die Nestlinge unverzüglich zu betteln. Der Altvogel senkt seinen Kopf und beginnt mit Würgebewegungen. Bis Futter kommt, versuchen die Nestlinge den besten Platz innerhalb des Nests zu erlangen und positionieren sich so meist kreisförmig um die Schnabelspitze des Altvogels. Sobald das Futter in die Mitte der Nestmulde ausgewürgt wird, stürzen sich die Jungen auf den Futterballen und picken so schnell so viel wie möglich auf. Teilweise versuchen sie auch bereits während des Auswürgens, größere Stücke aus dem Schnabel des Altvogels zu fischen.

Trotz der großen Konkurrenz herrscht unter den Nestlingen in der Regel «Friede, Freude, Würmerkuchen». Doch natürlich versucht jedes Junge, möglichst viel des gebrachten Futters eiligst selbst zu verschlingen. Höchstens bei starkem Nahrungsmangel treten Aggressionen zwischen älteren Nestlingen auf. Die Jungstörche streiten sich auch oft um einen besonders großen Happen.

Elternvögel passen das an das Nest gebrachte Futter den Bedürfnissen ihrer Nestlinge an [42]. Da die Altstörche das Futter für ihre Jungen nicht zerkleinern und diese die Beutestücke ganz herunterschlucken, sammeln sie mit zunehmendem Alter der Jungvögel generell auch größere Beutetiere. Werden zu Beginn als Babynahrung vor allem Würmer, kleine Insekten, Spinnen und Schnecken verfüttert, so werden später auch kleinere Säugetiere, Amphibien, Fische und Reptilien zum Nest gebracht.

Bei großer Hitze bringen Altvögel ihren Nestlingen neben Futter auch Wasser. Hierzu trinken sie vorab an einer Wasserstelle, fliegen zum Nest und würgen es hervor. Die erste Kühlung kommt in einem Schwall über die Jungen. Das restliche Wasser wird in einem dosierten, feinen Strahl über die Nestlinge getropft, den die Jungen mit ihrem Schnabel aufzufangen versuchen.

Mit Ausnahme geschützter Baumhorste sind viele Storchennester an der prallen Sonne. Bei großer Sonneneinstrahlung wird es den Nestlingen sehr heiß. Altvögel spenden deshalb den Jungvögeln Schatten, indem sie vor der Sonne stehen und dabei die Flügel leicht ausgebreitet hängen lassen [28]. Da Vögel nicht schwitzen können, hecheln Jung- und Altvögel zudem bei Hitze mit weit geöffnetem Schnabel, um dadurch die Körpertemperatur zu senken.

Nestbewachung

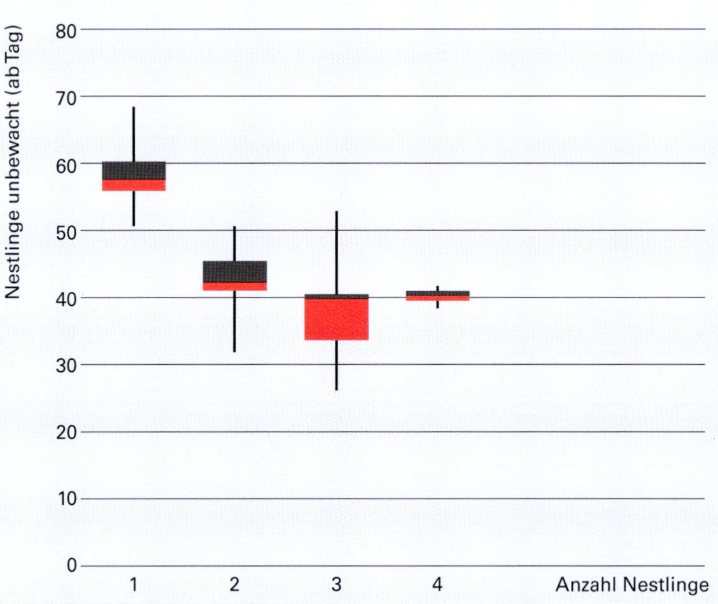

Die Anzahl der Nestlinge beeinflusst, ab wann Altvögel ihre Nestlinge auf dem Nest unbewacht lassen. Mehr Junge brauchen mehr Futter. Deshalb lassen Altvögel zwei und mehr Nestlinge früher allein auf dem Nest zurück. Bei nur einem Nestling bewachen die Eltern diesen deutlich länger. Erst wenn die Jungen fünf bis acht Wochen alt sind, suchen beide Altvögel gleichzeitig nach Nahrung und Futter und lassen die Jungvögel allein auf dem Nest zurück. Die Nestlinge sind nun beinahe so groß wie die Eltern und somit als Beute für Greifvögel zu groß. Auch das Risiko von Attacken durch Fremdstörche ist nun gering. Ein Restrisiko bleibt dennoch, denn es sind Einzelfälle dokumentiert, bei denen fremde Altstörche ältere Nestlinge heftig attackierten und diese mitunter sogar töteten [67, 70].

nach unveröffentlichten Daten von L. Heer, n=30

Alleinerziehender Vater oder alleinerziehende Mutter

Zum Bewachen junger Nestlinge und zur Futtersuche hungriger Jungvögel braucht es zwei Elternteile. Doch es geht in Ausnahmefällen auch allein. So verschwand in Altreu am 15. Juni 2019 das Weibchen des Nestes Stange Nord, als der einzige Nestling 46 Tage alt war. In der Folge zog das Männchen den Nestling allein auf, dieser flog dann auch erfolgreich aus.

Auch M. Bloesch erwähnt einen ähnlichen Fall in Allschwil 1933 [22]. Das Männchen eines Paares verunglückte am 30. Mai an einer Starkstromleitung, in der Folge zog das Weibchen die zwei Jungstörche erfolgreich allein auf.

Da die Horste der Weißstörche offen und von weit sichtbar sind, bewachen die Altvögel die jungen Nestlinge und schützen sie so vor Feinden.

Nesthäkchen

An heißen Tagen bringen die Altvögel ihren Nestlingen Wasser.

Während der Eiablage legen Weißstörche normalerweise alle zwei Tage ein Ei und beginnen ab dem zweiten Ei zu brüten. So sind die Gewichtsunterschiede unter den ersten zwei bis drei geschlüpften Nestlingen gering. Hingegen entsteht eine große Diskrepanz zu den übrigen Jungvögeln, die dann jeweils im Abstand von etwa zwei Tagen schlüpfen. Bei fünf Eiern startet das Nesthäkchen mit einem Rückstand von rund sechs Tagen ins Leben: Beim Schlüpfen wiegen sie 70 bis 90 Gramm, ihre Geschwister sind dann schon 200 bis 400 Gramm schwerer. Bei solch schlechten Startbedingungen für die Letztgeschlüpften sind deren Überlebenschancen schon von Beginn an gering. Sie dienen als «Joker» bei sehr guten Nahrungsbedingungen oder beim Auftreten unbefruchteter Eier [27].

Anders als die meisten Vogelarten füttern Störche die Nestlinge nicht individuell. Deshalb bekommt dasjenige Junge mehr, das mehr ergattern kann. Es entbrennt ein Wettrennen um die Nahrung und ein harter gegenseitiger Überlebenskampf. Die älteren und stärkeren Nestlinge sind klar im Vorteil und drängen die jüngeren Geschwister ab, sind schneller und fressen ihnen die meiste Nahrung weg. Die Nesthäkchen bleiben so in ihrer Entwicklung und Gewichtszunahme zurück, werden immer schwächer, sterben oder werden von ihren Eltern aus dem Nest geworfen.

Hinter diesem brutalen Geschwisterkampf steht das Kalkül der Altvögel zur Optimierung der gesamten Brut. In einer wenig vorhersehbaren Umwelt, wie es Überschwemmungslandschaften sind, passen brütende Altvögel ihre Gelegegröße den momentanen Umweltbedingungen an. Legen sie zu wenige Eier oder sind einzelne davon unbefruchtet, so schmälern sie unnötigerweise ihren maximal möglichen Bruterfolg. Legen sie zu viele Eier und ziehen alle auf, so reduziert sich die Fitness aller Nestlinge. Einen Ausweg aus diesem Dilemma bildet das asynchrone Schlüpfen von Nestlingen: Bei guten Bedingungen schaffen die Altvögel genügend Futter zum Nest und selbst das Nesthäkchen überlebt [141]. Bei schwierigeren Nahrungsbedingungen sterben die Jüngsten, der Energieverlust eines zusätzlich gelegten Eies und der Aufwand zu dessen Aufzucht in den ersten Tagen sind jedoch klein.

Schweres Leben der Nesthäkchen

Dieses Nesthäkchen hatte Glück: Aus zwei von vier Eiern schlüpfte kein Junges, so überlebte es trotz des großen Altersunterschieds zu seinem älteren Geschwister.

Das asynchrone Schlüpfen bei Weißstörchen bewirkt, dass nur die Zahl an Jungen überlebt, für die Altvögel auch genügend Futter besorgen können. Wenn in einer ausgeräumten Landschaft Großinsekten und Mäuse fehlen, werden weniger Junge aufgezogen. Mehrere Faktoren benachteiligen die Nesthäkchen im Kampf ums Überleben innerhalb eines Nestes:

- Letztgelegte Eier sind leichter, somit steht weniger Nahrung im Ei zur Verfügung. Folglich weisen Küken aus später gelegten Eiern auch ein geringeres Schlüpfgewicht auf [25, 27]. Dadurch sind sie schon beim Schlüpfen konkurrenzschwächer, was sie besonders bei Fütterungen benachteiligt.
- Aufgrund des asynchronen Schlüpfens wiegen die ältesten Geschwister schon 200 bis 400 Gramm mehr, wenn das Nesthäkchen schlüpft [25, 27].
- Embryonen in später gelegten Eiern sterben häufig in den allerletzten Tagen ab, da Altvögel nach dem Schlüpfen der ersten Jungvögel weniger brüten und die Eier womöglich auskühlen.
- In der ersten Lebenswoche sind Nestlinge noch nicht sehr mobil. Sie können sich mit ihren Beinchen nicht schnell drehen und in die Nestecke krabbeln, wohin der Altvogel das Futter auswürgt. Die älteren Geschwister sind fitter und erreichen das Futter schneller. Die Kleinsten werden so abgedrängt.
- Benachteiligte Nesthäkchen werden zusehends schwächer und dadurch anfälliger gegenüber Krankheiten (vor allem Lungenentzündung bei nasskaltem Wetter).
- Je größer die ältesten Jungvögel sind, umso weniger hudern die Altvögel. Darunter leiden Nesthäkchen bei nasskaltem Wetter, da sie ihre Körpertemperatur noch weniger gut regulieren können.
- Altvögel bringen mit zunehmendem Alter der Nestlinge nach Möglichkeit größere Beutetiere zum Nest, wobei sie sich nach den ältesten Jungvögeln richten. Dadurch können Futtertiere wie Nagetiere, Amphibien und Schlangen für die Nesthäkchen zu groß sein [79].
- Bisweilen reduzieren Altstörche bei geringem Nahrungsvorkommen die Zahl ihrer Jungen aktiv und werfen einzelne Junge aus dem Nest (Infantizid) oder fressen sie (Kronismus) [75, 79]. Das trifft vorab die Allerjüngsten.

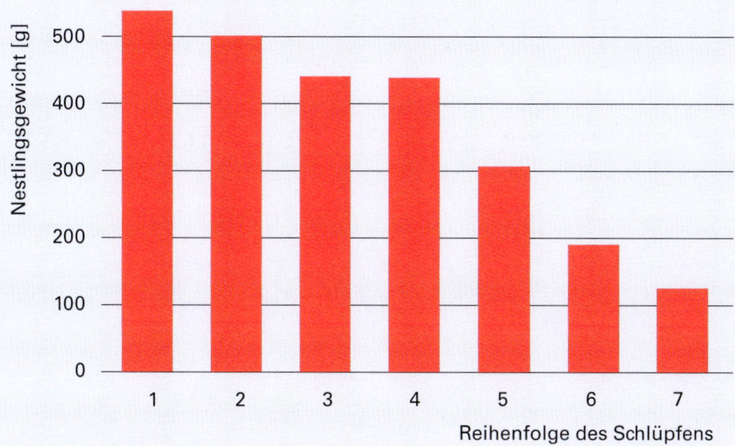

Die Storchenküken schlüpfen in einem Abstand von meist zwei Tagen, da der Weißstorch alle zwei Tage ein Ei legt, aber schon ab dem zweiten Ei brütet. Entsprechend groß ist der Gewichtsunterschied der Nestlinge zehn Tage nach dem Schlüpfen des ersten, besonders markant ist die Differenz ab Nestling 4.

nach Daten von zwei Gelegen mit 7 Eiern in Bloesch 1984 [27]

Kindstötung im Storchennest

Kindstötung (Infantizid) gehört zum Verhaltensmuster von Weißstörchen: Altvögel werfen junge Küken aus dem Nest oder verschlingen einzelne Junge in den ersten Tagen. Doch wie kann solch ein abstruses Verhalten beim Storch aus Sicht der Evolution entstanden sein? Verhaltensökologisch gibt es hierfür folgende Erklärungen [66, 68, 112, 159, 178]:

- Ältere Weißstörche legen eine relativ feste Gelegegröße von vier bis sechs Eiern, was auch in guten Nahrungsgebieten oft etwas zu groß ist. Da die Eier über einen Monat vor Beginn der Fütterungszeit gelegt werden, kann die spätere Nahrungsverfügbarkeit in einem variablen Habitat nicht mit Sicherheit vorausgesehen werden. Zudem sind etwa 20 Prozent der Eier unbefruchtet oder der Embryo stirbt ab. So bilden die zusätzlichen Eier eine Garantie für die optimale Jungenzahl. Am Ende zahlt es sich aus Sicht der Selektion aus, lieber etwas mehr Eier zu legen und später notfalls die Brut wieder zu reduzieren. Eine aktive Brutreduktion führt bei Nahrungsknappheit dazu, dass die verbleibenden Nestlinge mehr Futter erhalten, und dies erhöht die Fitness der gesamten Brut [141].
- Infantizid trifft oft Nestlinge, die als Nesthäkchen in ihrer Entwicklung zurückbleiben, nicht mehr betteln, nicht mehr fressen, krank oder stark parasitiert sind. Die Beseitigung solch geschwächter Storchenjungen aus dem Nest kann die Ausbreitung von Krankheiten verhindern. Altstörche entfernen diese Krankheitsquelle aus ihrem Nest und schützen dadurch gesunde Geschwister.

Eulen und Greifvögel besitzen mit Schnabel und Krallen tödliche Waffen, mit denen Nestjunge bei Nahrungsknappheit ihre eigenen Geschwister töten und auffressen. Ein Jungstorch hingegen kann dies mit seinem Schnabel und seinen Füssen nicht tun. So steuern die Altstörche die Brutgröße durch indirekte Mechanismen wie asynchrones Schlüpfen, unterschiedliches Schlüpfgewicht und direkte Konkurrenz bei den Fütterungen. Dieses trifft insbesondere das Nesthäkchen oder die schwächsten einer Brut – und so regulieren diese Mechanismen die Brutgröße.

Historische Hinweise auf Infantizid beim Weißstorch

Das Töten der eigenen Kinder durch die Eltern passt nicht in das Bild der Elternfürsorge, schon gar nicht beim Storch, der als Symbol vorbildlichen Verhaltens diente. Erst in der neueren verhaltensökologischen Forschung wurde Infantizid als Strategie erkannt, um die Zahl und die Fitness der eigenen Nachkommen zu steigern.
So ist es umso erstaunlicher, dass Max Bloesch dieses Verhalten bereits 1932 beschrieb und dazu auch noch die korrekte Interpretation lieferte [21]:

> *«Erbrütet wurden 3 Junge, von denen jedoch nur 2 grossgezogen wurden. Das dritte ist, weil ungenügend entwickelt, von den Alten getötet und aus dem Nest geworfen worden.»*

Ähnlich erwähnt Ulrich A. Corti 1933 entsprechendes Verhalten [36]:

> *«Überzählige Eier oder Nestlinge werden von den Altvögeln aus dem Nest geworfen.»*

Auch er liefert die Interpretation, die fast hundert Jahre später immer noch Gültigkeit besitzt:

> *«Teils mögen die Gründe für dieses Auswerfen im Unbefruchtetsein der Eier, in der schwächlichen Konstitution eines Jungen, in der Möglichkeit einer unzureichenden Ernährung mehrerer Nachkommen zu suchen sein.»*

Mehr als ein Brutpaar: kooperatives Brüten

Der Storch ist eine sozial monogame Art, kann aber in seltenen Fällen Spielarten unterschiedlicher Paarungssysteme aufweisen. Wenn mehr Individuen als das Paar an einem Horst Junge aufziehen, so kann dies verschiedene Gründe haben [6, 10, 29, 127, 128, 152].

Helfer

In einzelnen Fällen ist das Mitwirken eines dritten Storchs an einem Nest dokumentiert. Dabei beteiligt sich ein zusätzlicher Vogel am Nestbau, an der Nestverteidigung, am Brüten oder Füttern. Dabei handelt es sich um Jungstörche des Vorjahres, die sich auch im Folgejahr noch auf dem Nest aufhalten. Diese helfen ihren Eltern, Halb- oder Vollgeschwister aufzuziehen. Dadurch erhöhen sie ihre eigene Fitness und gewinnen Bruterfahrung hinzu. Das Elternpaar profitiert ebenfalls, indem ein zusätzlicher Altvogel ihre Jungen füttert. Dieses kooperative Brüten ist bei einigen Vogelarten nachgewiesen und wird als *Helfer-am-Nest* bezeichnet [152].

Dreierbeziehung

Selten gesellen sich gleich zwei Weibchen zu einem Männchen (Polygynie). In diesem Fall einer Dreierbeziehung brüten alle drei Vögel und füttern die Jungen. Aus einer Dreierbeziehung mit zwei beteiligten Weibchen kann aber auch eine konfliktträchtige Situation entstehen. Eine solche Konstellation währt dann nicht lange: Zwischen den Weibchen kommt es zu Kämpfen und früher oder später wird eines vertrieben.

Bei einer anderen Form einer Dreierbeziehung verpaart sich ein Männchen nacheinander mit zwei Weibchen an verschiedenen Nestern. Am neuen Horst übernimmt das Männchen die vollen Brutaufgaben und lässt das erste Weibchen im Stich. Bisweilen zeigt sich das Männchen am ersten Horst noch und vollführt kleinere Aufzuchttätigkeiten. Dennoch kommt es dort zwangsläufig zu einer Brutaufgabe oder geschlüpfte Junge sterben bald, denn die Aufzucht einer Brut ohne zwei fürsorgliche Eltern ist beim Storch nur in seltenen Fällen möglich [6].

Helfer und Dreierbeziehung

Eine Kombination beider Strategien – Helfer und Polygynie – beobachtete Max Bloesch in Altreu in zwei Fällen [26]. Dabei blieb eine Jungstörchin bei den Eltern und legte selbst auch Eier in das gemeinsame Nest. Diese Eier wurden zu dritt bebrütet und die Jungen gemeinsam aufgezogen. Diese Form bringt insbesondere der Jungstörchin Vorteile: eigene Junge aufziehen, indirekte Fitness durch das Aufziehen von Geschwistern und Bruterfahrung sammeln. Für die Eltern zahlt sich dies ebenfalls aus, indem das Männchen möglicherweise der Vater eines größeren Geleges ist und die Eltern von der zusätzlichen Hilfe der Jungstörchin profitieren.

Begünstigende Faktoren für kooperatives Brüten

Verschiedene Faktoren begünstigen bei Vögeln das Auftreten von Helfern [152]. Davon sind die folgenden drei auch beim Weißstorch gegeben:

- Viele Jungstörche wandern nicht in andere Gebiete ab und kehren in die Geburtsregion zurück [37, 79, 109]. Somit liegt die Voraussetzung vor, dass sie ihren Eltern helfen können.
- Jungstörche erreichen erst mit zwei bis fünf Jahren ihre Brutreife, können sich aber bereits in diesem Alter als Nichtbrüter im Brutgebiet aufhalten. In ihren Jugendjahren sind sie deshalb frei für das Helfen am Nest ihrer Eltern.
- Eine Ressource zum Brüten ist knapp [152], so gibt es bei einer wachsenden Population nicht genügend gute Horste und der Bau eines neuen ist zeitaufwendig. Ein Jungvogel kann Helfer an einem Nest werden, wenn keine Horste oder keine günstigen Neststandorte frei sind oder er keinen eigenen Horst erkämpfen kann. Als Helfer kann er auf den Ausfall eines Brutvogels hoffen und dessen Lücke schließen.

Aufgrund dieser günstigen Voraussetzungen erstaunt es, dass Helfer beim Weißstorch nicht häufiger vorkommen.

Nestwechsel von Jungvögeln

Ein Jungvogel fliegt ein fremdes Nest an. Sogleich stellen sich ihm die Jungen des Nestes mit entgegengestrecktem Schnabel abwehrend entgegen.

Weshalb sich nicht beim Nachbarn selbst zum Mittagessen einladen? Das denken sich wohl bereits flugfähige Jungstörche, wenn sie gegen Ende der Brutzeit Nachbarnester aufsuchen. Kommt ein Altvogel zur Fütterung an sein Nest, kann gleichzeitig auch ein fremder Jungstorch das Nest anfliegen. Dabei geht dieser Nestwechsel des Jungvogels oft im Tumult einer Fütterung unter und er wird erst danach vertrieben.

Ein Jungstorch kann auch einfach mal so ein anderes Nest in der Kolonie aufsuchen [130]. Dies führt aber meist zu einer sehr angespannten Situation und zu aggressivem Verhalten. Nach der Landung im fremden Nest legt sich der Neuankömmling meist flach mit ausgestrecktem Hals in die Nestmulde oder steht mit gesenktem Kopf regungslos da. Meist reagieren die ansässigen Jungvögel sehr aggressiv, hacken mit heftigen Schnabelhieben auf den fremden Nestling ein oder packen dessen Hals mit ihrem Schnabel. Dies vertreibt den fremden Jungstorch meist wieder, in anderen Fällen widersteht er den Angriffen und harrt im fremden Nest aus.

Der Nutzen eines solchen Nestwechsels liegt auf der Hand: Auch wenn ein Jungstorch nicht immer erfolgreich ist, kann er doch ab und zu einen zusätzlichen Nahrungshappen ergattern. Im Gegensatz dazu sind die Kosten gering, denn die Schnabelhiebe der ansässigen Jungstörche führen kaum zu Verletzungen.

In Altreu dauern solche Nestwechsel meistens nur kurz, für eine Fütterung oder kaum länger als eine Stunde. Anders sieht das in Südspanien aus, wo Jungstörche dauerhaft in ein Nachbarnest umziehen. In einer Studie an drei Kolonien kamen in 40 Prozent der Bruten solche Nestwechsel vor [130]. In diesen Fällen zogen Jungstörche in ein Nest mit weniger und jüngeren Jungvögeln um. Der Profit ist augenfällig, denn der Jungstorch erhält im neuen Nest mehr Futter. Die anfängliche Abwehr durch die ansässigen Jungvögel ist zu Beginn groß. Sie flacht aber bereits am zweiten Tag ab und der zusätzliche Jungvogel wird von den neuen Geschwistern toleriert und von den neuen Pflegeeltern adoptiert [130].

Doch weshalb vertreiben die Nestbesitzer einen fremden Jungstorch nicht intensiver? Erklären lässt sich die geringe Abwehr der Adoptiveltern damit, dass ein irrtümliches Töten von eigenen Jungen verheerend ist und sich deshalb verhaltensökologisch nicht ausgebildet hat. Da sich Nestlinge in ihrer Entwicklung sowohl akustisch wie optisch stark verändern, ist die Entwicklung effizienter Werkzeuge zur Erkennung und Diskriminierung fremder Jungen evolutiv

nicht möglich [130]. Da hilft auch ein Blick zu anderen Vogelarten. Tolerierte Nestwechsel von Jungvögeln kommen auch bei anderen Arten regelmäßig vor. Dabei kann ein Wechsel früh in der Nestlingszeit sogar zum tödlichen Ausgang von Geschwistern im Adoptivnest führen, beispielsweise bei Kuhreiher, Graureiher, Rötelfalke, Fischadler, Schmutzgeier und bei Milanen.

Beim Weißstorch ist der Schaden für das betroffene Nest relativ gering. Der Wechsel erfolgt erst spät in der Nestlingszeit, wenn die Jungstörche bereits fliegen können, und nur für einzelne Fütterungen oder Tage. Eine Adoption führt zu keiner Sterblichkeit bei den eigenen Jungen, sie müssen lediglich das Futter mit einem weiteren Nestling teilen.

Nestwechsel

Die meisten Nestwechsel dauern nur wenige Minuten, bis der fremde Jungstorch wieder abfliegt oder aktiv vertrieben wird. In diesen Fällen kommt es zu keiner Fütterung. Bisweilen können sich Jungstörche bei einem Nestwechsel länger in einem fremden Nest behaupten und steigern dadurch ihre Chancen, zusätzliches Futter zu ergattern.

nach unveröffentlichten Daten von L. Heer, n=28 Nestwechsel bei 5 Nestern [194]

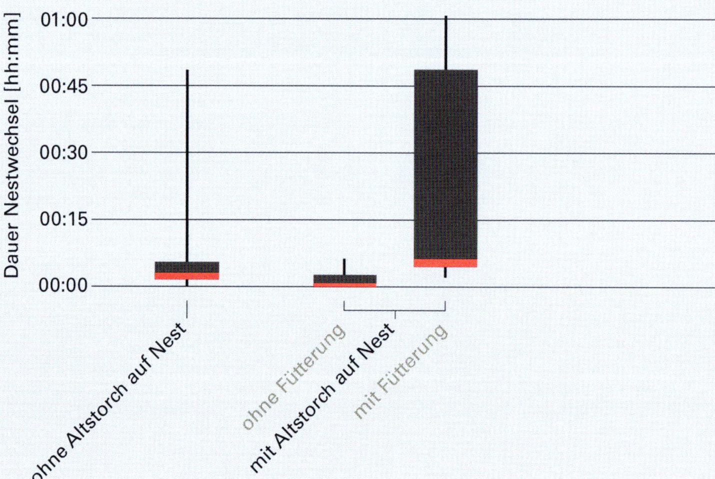

Tohuwabohu im Nest

Bisweilen geht es in einem Nest turbulent zu. In wechselnder Zahl gesellen sich zu den drei Nestlingen weitere Jungvögel, was immer wieder zu heftigen Aggressionen führt.

Von drei Jungstörchen ist einer abwesend, doch ein fremder fliegt das Nest an. Dieser legt sich anfänglich flach auf das Nest, spreizt die Flügel ab und streckt seinen Hals lang aus. In dieser Stellung wird er von den Jungvögeln meist weniger angegriffen.

Und da waren es plötzlich fünf: Gleich zwei fremde Jungstörche haben sich auf dem Nest eingefunden.

Fremde Jungstörche werden von den Nestbesitzern oft heftig mit Schnabelhieben attackiert, was zu heftigen Aggressionen aller Beteiligten führt und den Eindringling meist wieder vertreibt.

Ein Altvogel erscheint auf dem Nest und ein fremder Jungvogel erschleicht sich so eine Extraportion Futter.

Erste Flugübungen im Nest

Die Zeit der Flugübungen ist für Jungvögel riskant. Zur Kräftigung ihrer Flugmuskeln flattern sie über dem Nest und lassen sich dann wieder aufs Nest fallen. Bisweilen werden sie dabei von einer Windböe erfasst oder stürzen bei ihren ersten Flugversuchen aus dem Nest. Abgestürzte Jungvögel werden von ihren Eltern nicht mehr gefüttert. Schaffen sie es selbst nicht mehr hoch, sterben sie.

Fliegen will gelernt sein. Bevor die Jungvögel das Nest verlassen, vollführen sie Flugübungen, bei denen sie flügelschlagend wenige Meter über das Nest hochfliegen und wieder zurückkehren. So trainieren sie ihre Flugmuskulatur und üben das Fliegen, bevor sie den ersten Ausflug wagen. Ein Risiko fliegt bei diesen Flugübungen aber immer mit: Ein Jungvogel kann dabei seine Fähigkeiten überschätzen oder durch eine Windböe weggetragen werden und es nicht wieder zurück aufs Nest schaffen.

Im Unterschied zu kleinen Sperlingsvögeln, die das Nest zur Feindvermeidung oft noch vor dem Flüggewerden verlassen, verbleiben Jungstörche relativ lang in ihrer Kinderstube. Das Nest dient ihnen als sicherer Rückzugsort, geschützt vor Bodenfeinden. Auch vor Luftfeinden haben sich ältere Jungstörche aufgrund ihrer Größe kaum zu fürchten. Der Horst dient somit als sicherer Schlaf- und Ruheplatz, während der Nacht wie auch am Tag. So kehren flügge Störche oft bis zum Wegzug im Spätsommer auf den elterlichen Horst zurück, um dort die Nacht zu verbringen oder tagsüber Ruhepausen einzulegen.

6| Jugendjahre

Jungstörche verbringen wilde Lümmeljahre, bevor sie zum ersten Mal brüten. Wild einerseits, weil sie sich nicht zwingend an das gängige Zugmuster und an die Zugzeiten halten. Wild andererseits, weil sie im Brutgebiet für einigen Tumult sorgen. In der Westpopulation ziehen Männchen und Weibchen gewöhnlich als Zwei- oder Dreijährige zum ersten Mal Junge auf. Bei der ostziehenden Population ist das Erstbrutalter höher. Erst im Alter von vier oder fünf Jahren erfolgt der erste Brutversuch. Bleibt also viel Zeit bis zum ersten Brüten.

Jungstörche sind nicht untätig

Nichtbrütende Jungstörche können tagsüber in großen Trupps umherziehen.

Jungstörche sind ideenreich, wenn es darum geht, ihre Jugendjahre optimal zu nutzen und Erfahrungen zu sammeln. Dabei wenden sie verschiedene Strategien an:

- Jungstörche bleiben nach dem ersten Zug auch im folgenden Sommer im Überwinterungsgebiet (beispielsweise in der Sahelzone, in Ost- oder Südafrika). Sie unternehmen dort kleinräumige Wanderungen und nutzen ganzjährig das aktuelle Nahrungsvorkommen. Somit sparen sie sich einen risikoreichen Zug zwischen Brut- und Überwinterungsgebiet.
- Sie verbringen den Sommer in einem Gebiet entlang der Zugroute (beispielsweise in Marokko, Spanien, Israel oder im Mittleren Osten). Sie ersparen sich dabei einen Teil der Zugstrecke und profitieren von lokal günstigen Nahrungsangeboten.
- Sie kommen stark verspätet im Brutgebiet an, streichen großräumig in der Brutregion umher, halten sich bei verschiedenen Brutkolonien auf und brechen bald wieder nach Süden auf. Hierbei sammeln sie Informationen über verschiedene Brutplätze und können vorentscheiden, wo sie sich später niederlassen wollen.
- Sie kehren wie die brütenden Altstörche relativ früh im Jahr in die Brutregion zurück. Bei dieser Strategie lernen sie das zukünftige Brutgebiet mit seinem Nahrungsangebot kennen. Sie halten sich nahe brütender Störche auf und stören diese bisweilen. Eventuell versuchen sie bereits, einen Horst zu übernehmen, oder beginnen schon mit dem Bau eines eigenen Nests.

Nichtbrütende Jungstörche und andere Nichtbrüter

Als Nichtbrüter werden Vögel bezeichnet, die zur Brutzeit in einem günstigen Habitat innerhalb des Artareals anwesend sind, aber nicht brüten. Bei den Weißstörchen sind dies in erster Linie Jungstörche bis zum Brutalter. Selten gehören auch Altstörche dazu, wenn sie unverpaart bleiben oder von einem Horst vertrieben werden und keinen neuen besetzen oder bauen. Beim Weißstorch beträgt der Anteil der Nichtbrüter bis zu einem Drittel der Gesamtpopulation [4].

In Altreu hielten sich 2016 beispielsweise bis zu 17 nichtbrütende Individuen bei insgesamt 47 brütenden Paaren auf. In der Biebrza (Polen) können solche wilden Storchentrupps über hundert Vögel umfassen. Tagsüber bilden Jungstörche lose Trupps an Nahrungs- und Ruheplätzen. Sie tauchen auch innerhalb von Nestkolonien auf und stiften dort Unruhe. Abends sammeln sich Jungstörche oft an gemeinsamen Schlafplätzen. Einzelne Nichtbrüter übernachten auch innerhalb von Kolonien und schlafen auf Ästen nahe bei Horsten.

Nichtbrütende Jungstörche bauen ein Spielnest

Ein Jungstorchenpaar verteidigte am 23. Mai auf einem abgebrochenen Baumstrunk einen möglichen Nistplatz (links). Es baute fleißig und bereits nach sechs Tagen war ein beachtliches Nest entstanden (rechts). Am 29. Mai trug das Horstpaar erstmals auch feines Nistmaterial ein. Das Paar verbrachte einen großen Teil des Tages auf seinem neuen Horst, brütete aber noch nicht.

Ein Jungstorch stibitzt Nistmaterial an einem unbewohnten Horst und verbaut es am eigenen Nest, welches er alleine besetzt.

Störenfriede

Immer wieder attackieren nichtbrütende Jungstörche besetzte Horste und sorgen so für viel Unruhe.

Nichtbrütende Jungstörche sind für Brutpaare lästig. Ulrich A. Corti bezeichnete sie vor hundert Jahren sogar als «Raubstörche» [36]. Sie sorgen während der Brutzeit für viel Unruhe in einer Kolonie. Sie beobachten das Treiben innerhalb der Kolonie, fliegen auf Äste in nächster Nähe zu einem Horst und greifen immer wieder aggressiv Nester an, um dann auf die eigene Warte

zurückzukehren. Mit diesen Scheinangriffen halten die nichtbrütenden Jungstörche die Nestbesitzer ganz schön auf Trab. Der angegriffene Vogel auf dem Nest reagiert abwehrend, indem er aufsteht, die Flügel abspreizt und zischt. So müssen Horstbesitzer dauernd auf der Hut sein, um eine gewaltsame Übernahme ihres Nestes abzuwehren.

«Storchengerichte»

In der Literatur geistern Sagen herum, wo mehrere Störche einen Storch attackieren, ja ihn sogar umbringen [60]. Bei der Interpretation schwingt eine Menge Moralin mit: Störche halten einen Gerichtsrat ab und töten als Strafe einen Storch, welcher fremdgegangen ist. Sind Storchengerichte reine Mär oder haben diese möglicherweise einen wahren Kern? So schildert beispielsweise August Witzchel 1866 in seinem Thüringer Sagenbuch [176]:

«Im Jahre 1355 geschah es, dass eines Sonnabends gegen Abend eine große Menge Störche in die Stadt Kreuzburg kamen. Am andern Morgen flogen alle Störche nach einer großen Wiese neben der Stadt beim Hetzthal gelegen. Einige Leute aus der Stadt gingen aus Neugierde auch hinaus und wollten erfahren, was das zu bedeuten habe. Da sahen sie nun, dass die ganze Schaar der Störche in verschiedene Haufen zusammentraten, als ob sie Verhandlung und Gericht unter einander hielten; auch gehen einzelne Störche hin und wieder, von der einen Partei zu der andern, als wenn sie eine Antwort bringen oder bekommen sollten, wie es eben bei Verhandlungen Hergang ist. Als die Störche nachher wieder davon geflogen waren und den Platz geräumt hatten, fand man drei Todte daselbst zurückgelassen, welche wohl die eheliche Treue verletzt und des Ehebruchs sich schuldig gemacht hatten. Denn nach der gemeinen Sage wird unter den Störchen die Verletzung ehelicher Treue hart bestraft. Sie halten über einen solchen Gericht und tödten ihn, wenn er schuldig befunden wird.»

Die Interpretation dieser Beobachtungen basiert auf rein menschlichem Wunschdenken und auf Fantasien. Dieses Verhalten hat weder mit einem Gericht noch mit Strafe zu tun. Bei großen Versammlungen auf dem Zug ist es immer möglich, dass einzelne Störche an Erschöpfung sterben, mit giftiger Beute in Kontakt kommen oder andere Ursachen zum Tod führen.
Aus verhaltensökologischer Sicht lässt sich aggressives Verhalten auch als Spielverhalten interpretieren. Bei in Altreu beobachteten ähnlichen Fällen handelte es sich bei den beteiligten Störchen um nichtbrütende Jungstörche, die spielerisch miteinander kämpften. Angeben, Prahlen, Stärke zeigen, Attackieren – all dies sind notwendige Voraussetzungen, um später erfolgreich einen Horst zu erobern oder zu verteidigen. Und so balgen auch Jungstörche miteinander, wie es viele andere Tierjunge auch tun.

Am Rand einer Ackerfläche befinden sich Nichtbrüter, die ruhen oder sich das Gefieder pflegen. Plötzlich kommt ein Storch in einem Schauflug angeflogen: Er vollführt Luftakrobatik, macht kurze Sturzflüge (1) oder dreht sich in einer Rolle um seine Achse (2). Nach der Landung geht die Schau weiter, er macht Luftsprünge und schlägt dabei mit seinen Flügeln (3). In der ganzen Gruppe kommt Hektik auf. Mehrere öffnen ihre Flügel (4), einzelne vollführen Luftsprünge. Sie attackieren sich gegenseitig und bisweilen kämpfen drei oder vier Störche miteinander (5, 6). Zuweilen attackieren auch zwei Störche einen dritten und jagen diesen davon. Doch alle kehren wieder zur Gruppe zurück, wo die Kämpfe und das Verjagen fortgesetzt werden.

Schlafplätze

Tote Bäume und Äste sind beliebte Schlafplätze von Weißstörchen.

Jungstörche und ziehende Störche versammeln sich an gemeinsamen Schlafplätzen. Dabei handelt es sich oft um Orte, die traditionell über Jahrzehnte genutzt werden. Günstige Schlafplätze zeichnen sich durch die Nähe zu Brutkolonien oder zu guten Nahrungsgebieten aus. Besonders beliebt sind große tote Bäume mit ausladenden freien Ästen, aber auch andere sichere und frei anfliegbare Orte wie menschliche Bauten (beispielsweise Gebäude, Baukräne, Strommasten oder Wassertürme) [4]. In Spanien und Afrika nutzen Störche auch Flachwasserzonen, um dort in großen Trupps zu nächtigen. Gezwungenermaßen verbringen sie auf dem Zug die Nacht auch einfach am Boden auf offenen Feldern oder in Sandwüsten [189].

Weißstörche beziehen um den Sonnenuntergang ihren Schlafplatz. Bisweilen vertreibt ein späterer Ankömmling einen bereits anwesenden Storch von seinem Platz, weshalb auch dieser wieder eine neue Schlafstelle suchen muss. Neu anfliegende Störche werden mit Klappern empfangen, wodurch an größeren Schlafplätzen oft ein minutenlanges Klapperkonzert entsteht. Während der Nacht bleibt es ruhig. Um Sonnenaufgang steigt die Aktivität wieder, in kleinen Trupps starten die Störche zu ihren Nahrungsgebieten.

Das gemeinschaftliche Nächtigen bringt den Jungstörchen einige Vorteile. Sie sind in der Nacht besser vor Angreifern geschützt und profitieren am Folgemorgen zudem von den anderen, meist älteren Störchen:

- Ein Storch, welcher am Vortag keine optimalen Nahrungsgebiete fand, kann anderen Individuen zu besseren Gebieten folgen.
- Störche, die das erste Mal ziehen, können sich für die nächste Etappe erfahrenen Altvögeln anschließen.

Solche gemeinsamen Schlafplätze werden auch als Informationszentren bezeichnet [173], da hier das Wissen über gute Nahrungsgebiete oder Zugrouten von Tier zu Tier weitergegeben wird. Besonders junge, unerfahrene und gebietsfremde Störche können von solchen Informationen profitieren.

7| Bruterfolg oder Brutverlust?

Nasskaltes Wetter, Kämpfe, Kindstötung, Gewitterstürme, unerfahrene Eltern, Krankheiten, Parasiten, Hungerphasen, verfüttertes Plastik – zahlreich sind die möglichen Widrigkeiten, gegen die ein Nestling in seinen ersten Tagen um sein Überleben kämpfen muss. Viele Faktoren entscheiden, wie erfolgreich ein Storchenpaar brütet oder ob ein Jungvogel überlebt.

Einflussfaktoren auf den Bruterfolg

Individuelle Eigenschaften wie Bruterfahrung und Kondition spielen für den Bruterfolg ebenso eine Rolle wie äußere Faktoren [169, 171]. So kann ein kurzer Wetterumsturz zur falschen Zeit eine Brut dahinraffen oder lange Trockenheit die Fitness der Jungen reduzieren. In Störungsjahren oder in Jahren mit viel Schlechtwetter brüten über die Hälfte der Brutpaare erfolglos [109].

Brutstörche haben nicht nur die aktuellen Nestlinge im Fokus. Als langlebige Art mit einer geringen Fortpflanzungsrate pro Jahr sind für den Weißstorch das eigene Überleben und zukünftige Bruten ebenso wichtig wie die aktuelle Brut [115]. Persönliche Erfahrung, eigene Kondition oder das Alter beeinflussen die optimale Strategie ebenso wie äußere Faktoren, wie beispielsweise die Habitatqualität, das Nahrungsvorkommen und die Witterung [43]. Mit der Gelegegröße, mit aktiver Brutreduktion und durch den geleisteten Fütterungsaufwand haben Altvögel das Heft selbst in der Hand, um den Bruterfolg und die Fitness der Jungen zu beeinflussen [169]. Und da gilt: Weniger ist oft mehr [115].

Auf ihren offenen Nestern sind die Storchenjungen Regen und Unwettern schonungslos ausgesetzt.

Häufig ziehen Brutpaare in der Schweiz nur ein bis drei Junge auf, größere Bruten sind selten.

Die Lebensraumqualität bestimmt maßgebend den Bruterfolg. In naturnahen Flusslandschaften, wie sie noch in Nordostpolen oder in den Save-Auen bestehen, kann der durchschnittliche Bruterfolg bei über drei ausgeflogenen Jungvögeln liegen. Im Mittelfeld liegen Flusslandschaften in intensiv genutzten Agrarregionen, wozu beispielsweise die Elbtalauen in Deutschland oder die Marchauen in Österreich zählen. Der durchschnittliche Bruterfolg von 2,5 ausgeflogenen Jungen pro Nest weist auf ein gutes Nahrungsangebot hin. In Hochwasserjahren (1994, 1995, 1999, 2000, 2002) beziffert Krista Dziewiaty 2005 gemäß ihren Untersuchungen den Bruterfolg mit 2,8 Jungen pro Brutpaar höher als in Nicht-Hochwasserjahren mit 2,4 Jungen [45].

Ein so hoher Bruterfolg wird heute in keiner Schweizer Kolonie erreicht, dennoch wächst die Zahl der Horstpaare über die letzten Jahre stetig [153]. Eine erfolgreiche Brut zählt ein bis drei flügge Jungvögel, selten vier. Das Ausfliegen von fünf oder sechs Jungvögeln ist sehr selten: Zu erfolgreichen Fünferbruten kam es beispielsweise 2009 und 2023 in Altreu sowie 2022 und 2023 in Staad bei Grenchen.

Einflüsse auf den Bruterfolg

Komplex sind die Einflüsse auf ein Brutpaar, die sich direkt oder indirekt auf den Bruterfolg auswirken. Viele innere und äußere Faktoren und Wechselwirkungen beeinflussen die Anzahl Eier und die Überlebenswahrscheinlichkeit der Nestlinge. Dank unterschiedlicher Strategien sind Weißstörche an diese Bedingungen angepasst und können ihre Jungenzahl und deren Fitness optimieren.

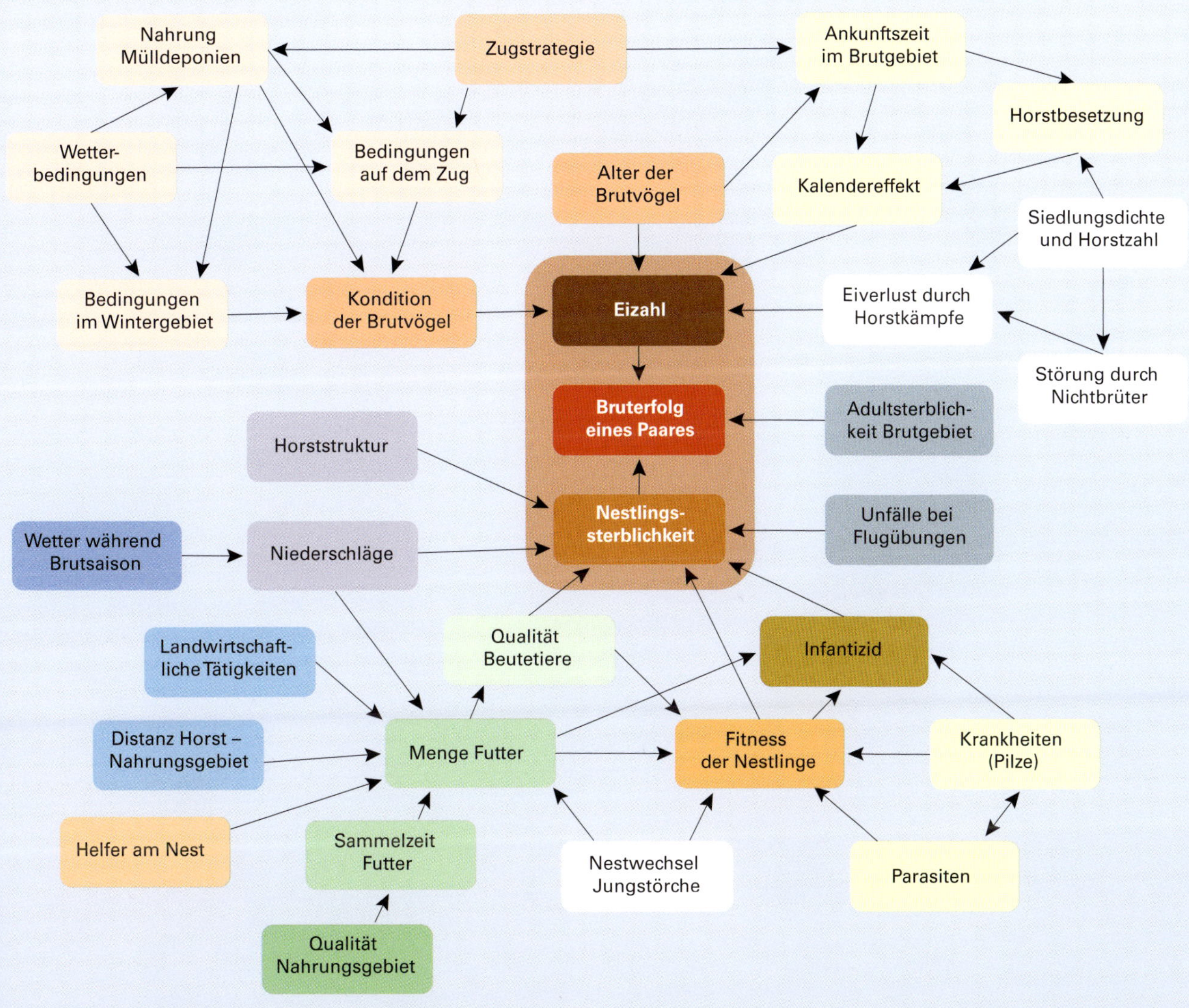

Bruterfolg der größeren Schweizer Kolonien

Der Bestand des Storchs in der Schweiz ist im Aufwind, trotz des tiefen Bruterfolgs. Verschiedene Faktoren in den letzten Jahrzehnten sorgen für zunehmende Brutbestände: kürzere Zugwege, geringere Wintersterblichkeit, Nutzung offener Mülldeponien im Überwinterungsgebiet, Zuwanderung, weniger Freileitungsopfer, geringerer Jagddruck und intensive Schutzbemühungen im Brutgebiet.
Der Bruterfolg variiert von Jahr zu Jahr und zwischen verschiedenen Kolonien. So führten beispielsweise intensive Regenfälle in den Jahren 2007, 2013 und 2016 zu großen Verlusten. Doch auch der langjährige Bruterfolg (Anzahl ausgeflogene Jungstörche pro Horstpaar) unterscheidet sich zwischen Kolonien. Am höchsten ist er im Zoo Basel mit durchschnittlich 1,8 ausgeflogenen Jungstörchen pro Paar, gefolgt von Murimoos, Sennwald Saxerried, Tierpark Lange Erlen Basel, Zoo Zürich und Avenches mit einem Bruterfolg um 1,6 Junge pro Paar. Am unteren Ende liegt der Bruterfolg in Altreu mit 1,3 und Uznach mit 1,0 ausgeflogenen Jungstörchen pro Paar.

nach Daten in Bulletin Storch Schweiz [153]

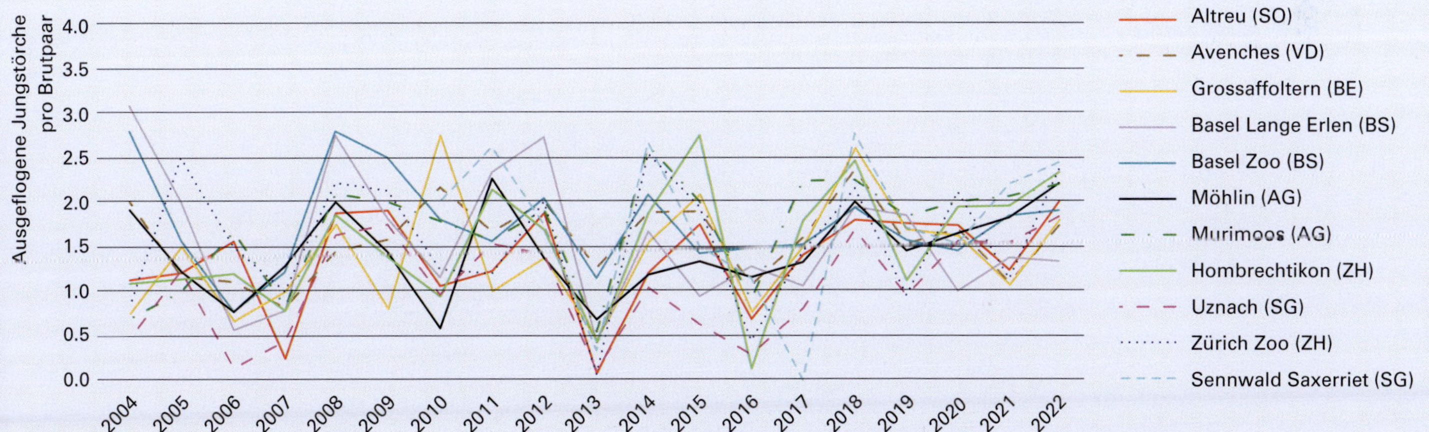

Gefahren in den ersten Lebensmonaten

Sind die Deckfedern nach 30 Tagen Nestlingszeit voll entwickelt, so kann Regenwetter den Jungstörchen nicht mehr viel anhaben.

Wenn ein Storchenküken schlüpft, so lauern viele Gefahren bis zum Ausfliegen. Auch wenn die Altvögel bestmöglich für ihre Jungen sorgen, so überleben nicht alle die ersten Lebenswochen. Und nach dem Ausfliegen folgt für die Jungstörche ebenfalls eine gefahrvolle Zeit.

«Schmuddelwetter» und starke Hitze

Kleine Nestlinge tragen nur eine Daunenjacke, aber keine Regenjacke. Bis ins Alter von etwa fünf Wochen fehlen ihnen noch die Deckfedern, die den Regen abperlen lassen und so einen guten Schutz vor Nässe bilden. Nestlinge haben die besten Überlebenschancen, wenn das Frühlingswetter nicht zu nass ist. Insbesondere lang anhaltende Regenfälle zu Beginn der Nestlingszeit bewirken eine hohe Sterblichkeit der Jungen [46, 93, 94, 97, 157]: Ihr Dunengefieder wird durchnässt und sie unterkühlen. Denn Nestjunge können bis etwa ins Alter von drei Wochen ihre Körpertemperatur von 39,5 °C noch nicht selbst halten [161].

Schutz bieten die Altvögel, indem sie hudern oder bei Regen mit leicht ausgebreiteten Flügeln schützend über ihren Jungen stehen. Doch bei Regen wird das feine Nistmaterial in der Nestmulde durchnässt und verliert an Isolationswirkung. Wird Erde und Mist eingetragen, kann der Nestboden wasserundurchlässig werden und es entstehen Pfützen in der Mulde. Bei starkem Regen wird auch das Bauch- und Brustgefieder der hudernden Altvögel durchnässt. Wird den Altvögeln dabei kalt, stehen sie auf, wodurch die Jungen dann der Kälte und Nässe umso mehr ausgesetzt sind.

Durchnässte Dunen können bei Storchenjungen zu Unterkühlung und in kurzer Zeit zum Tod führen. Zudem werden Nestlinge durch nasse Daunenfedern geschwächt und dadurch anfällig für eine Lungenentzündung, woran sie auch innert weniger Tage sterben.

Warmes und trockenes Wetter im Mai wirkt sich für Nestlinge bis ins Alter von 30 Tagen hingegen positiv auf deren Überlebenswahrscheinlichkeit aus. Die Gefahr durch Unterkühlung ist gering, die Jungen wachsen schneller, sind fitter und weniger anfällig für Krankheiten [194–209].

Große Hitze macht den Störchen wenig aus. Heiße Temperaturen treten erst Mitte Juni bis August auf, wenn die Jungstörche schon älter und robuster gegenüber Umwelteinflüssen sind. Trockenes und heißes Wetter beeinflusst jedoch indirekt die Fitness der Jungen und den Bruterfolg. Mit der

In Überschwemmungslandschaften überdauern Wasserstellen auch längeres trockenes Wetter. Hier finden Weißstörche genügend Nahrung für ihre Nestlinge.

Klimaänderung mehren sich die Hitzesommer (zum Beispiel 2003, 2018, 2022) und mit der Trockenheit sind die Beutetiere, insbesondere Regenwürmer, schlechter erreichbar. Ausbleibende Mäusejahre und die massive Abnahme von Großinsekten drängen die Störche, auf wenig effiziente Nahrung und kleine Beutetiere umzustellen. Bei fünf untersuchten Nestern in Altreu fütterten die Altvögel bei regnerischen Wetterphasen rund zwölf Mal am Tag, bei trockenem und heißem Wetter hingegen nur etwa acht Mal [194]. Weniger Nahrung wirkt sich negativ auf die Fitness der Jungen aus. Die Folgen können unter anderem Unter- oder Mangelernährung sein, stärkere Parasitierung oder ein niedrigeres Gewicht beim Ausfliegen.

Nestlingssterblichkeit

Besonders in den ersten fünf Wochen sterben viele der geschlüpften Nestlinge. Danach stehen die Chancen gut, dass der Jungstorch flügge wird.

nach unveröffentlichten Daten von 89 Nestlingen aus 25 Nestern, L. Heer [194–209]

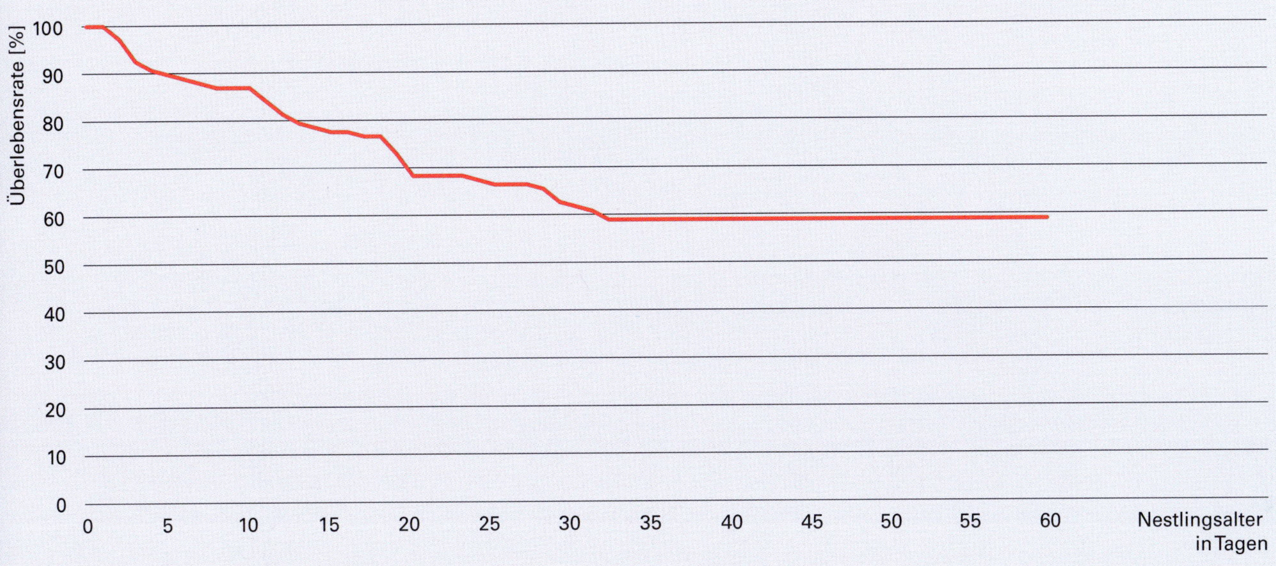

Gefährlicher Schimmelpilz

Aspergillus fumigatus ist ein häufiger und allgegenwärtiger Schimmelpilz. Er befällt primär Pflanzen, doch auch für die Atemwege junger Vögel ist er ein gefährlicher Krankheitserreger. Wie alle Pilze bildet er kleinste Fortpflanzungssporen, die leicht durch die Luft transportiert und von den Jungvögeln eingeatmet werden. Gewöhnlich reagiert das Immunsystem mit einer Abwehrreaktion gegen *Aspergillus fumigatus*. Bei geschwächten Jungvögeln kann er sich aber im Lungengewebe ausbreiten. Der Pilz produziert verschiedene Enzyme wie Proteasen und giftige Stoffwechselprodukte, welche die Aktivität des Immunsystems zusätzlich beeinträchtigen. All dies führt zu einer Lungenentzündung. In der Folge kommt es bei den

Jungstörchen zu Appetitlosigkeit, Lethargie, Atembeschwerden, verzögerter Entwicklung bis hin zum Tod. Diese Schimmelpilz-Erkrankung entwickelt sich meistens nach einem Kälte- und Nasswettereinbruch. Vier bis sieben Tage später tritt der Tod von Nestlingen ein, was der Inkubationszeit von *Aspergillus fumigatus* entspricht [118].

Magenüberfüllung

Obduktionen toter Nestlinge ergeben manchmal einen seltsamen Befund: Der Muskelmagen ist prall mit Sand gefüllt, beigemischt sind oft Pflanzenfasern. Wie kommt es dazu?

Regenwürmer sind das Hauptfutter für die Jungstörche, insbesondere bei nasskaltem Wetter [119]. Sie sind zwar für die Eltern schnell und einfach zu sammeln, in großen Mengen jedoch nicht die beste Nahrung. Der Darm von Regenwürmern ist voll Erde und Sand. Vermischt mit Pflanzenfasern und Haaren bilden sich daraus im Magen von Nestlingen große Ballen, die den Magenausgang nicht mehr passieren können. Da Jungstörche erst ab einem Alter von rund drei Wochen Speiballen auswürgen, wird der Magen überfüllt und kann bis ein Drittel des Körpergewichts ausmachen. Irgendwann kann der Nestling keine neue Nahrung mehr aufnehmen, wird apathisch und stirbt letztlich. Eine Magenüberfüllung – auch Anschoppung genannt – bildet in der Schweiz zusammen mit der Witterung eine der häufigsten Todesursachen bei Nestlingen [122, 172, 179].

Strategien bei Nahrungsknappheit

Der Weißstorch war einst ein Sumpfvogel der Überschwemmungsebenen, die in den Sommermonaten üppig Nahrung geboten haben. In Mitteleuropa befinden sich heute keine großflächigen Lebensräume mehr, die diesem ursprünglichen Habitat entsprechen. In der Schweiz beispielsweise liegen die größeren Storchenkolonien wie Altreu, Avenches, Basel, Zürich, Uznach und Sennwald Saxerriet in modernen Agrarzonen. Dieses intensiv genutzte und strukturarme Kulturland hat sich vollständig gewandelt, das Beutevorkommen ist mit Ausnahme der Regenwürmer stark verarmt. Es fehlt an Strukturvielfalt wie kleinräumig wechselnde Vegetation, Gräben, Senken, Steinhaufen usw. Mit ihr verschwand auch die Artenvielfalt und Biomasse: Es findet ein großes Insektensterben statt, Amphibien und Reptilien sind ohnehin rar geworden, selbst Mäuse sind in der heutigen Agrarlandschaft selten. Wie kann der Weißstorch in seinem neuen Habitat erfolgreich Junge aufziehen? Wann und unter welchen Bedingungen stößt er an seine Grenzen?

Der Weißstorch ist trickreich, um auch in der heutigen Kulturlandschaft Futter für seine immer hungrigen Nestlinge zu finden und so erfolgreich Junge aufzuziehen. Er wendet hierzu verschiedene Strategien an:

Strategie 1: Fokus auf Feldbearbeitung

Im März, April und Mai finden im Brutgebiet der Weißstörche fast täglich bodenaufbrechende landwirtschaftliche Tätigkeiten wie Pflügen, Eggen oder Säen statt. Bevorzugt folgen Weißstörche den Traktoren auf den Feldern und profitieren von den an die Oberfläche gebrachten Regenwürmern. Selten finden sich dabei auch Insektenlarven oder Mäuse. Entsprechend hoch ist der Erfolg bei der Nahrungssuche. Störche finden unter diesen Bedingungen bis zu 20 Regenwürmer pro Minute. Einen Sonderfall stellt auch das Güllen mit dem Schleppschlauchverteiler dar. Es bilden sich lange Rinnen gefüllt mit Gülle, wodurch die Regenwürmer wie nach dem Regen aus ihren Löchern an die Oberfläche kommen. Dann sind sie eine leichte Beute für die Störche – ungeachtet der möglichen Kontamination durch Keime vom Vieh.

Schwieriger wird die Nahrungssuche im Juni und Juli [155]. Die bodenbearbeitenden landwirtschaftlichen Tätigkeiten sind selten. Gras, Getreide und Mais wachsen heran und bilden aufgrund ihrer Vegetationshöhe keinen Lebensraum mehr für den Weißstorch [76]. In heißen Trockenperioden im Juni und Juli ziehen sich Regenwürmer in tiefere Bodenschichten zurück. Großinsekten, Amphibien und Reptilien sind in dieser intensiv genutzten Agrarlandschaft ohnehin selten. Verschiedene Zeichen deuten darauf hin, dass der Weißstorch zu dieser Jahreszeit nicht mehr genügend Nahrung für sich und Futter für seine Nestlinge findet.

Nahrungsknappheit im Juni und Juli

Weißstörche bei der Nahrungssuche folgen oft zu Dutzenden einem pflügenden Traktor – dabei ist der Tisch für alle reichlich gedeckt.

Der Weißstorch fokussiert sich bei der Nahrungssuche in der Schweiz auf Felder und Äcker während und nach der Feldbearbeitung. Dort ist seine Nahrungssuche am erfolgreichsten und er findet in den Monaten März bis Mai mehr als doppelt so viele Beutetiere wie in unbearbeitetem Acker- und Grasland. Im Juni und Juli nimmt der Erfolg bei der Nahrungssuche deutlich ab, wenn kaum mehr bodenaufbrechende landwirtschaftliche Tätigkeiten stattfinden. Im Juni und Juli wird vor allem gemäht und gedroschen. Zwar folgen die Weißstörche auch dabei den Feldmaschinen, doch fällt die Ausbeute deutlich geringer aus.

nach unveröffentlichten Daten von L. Heer

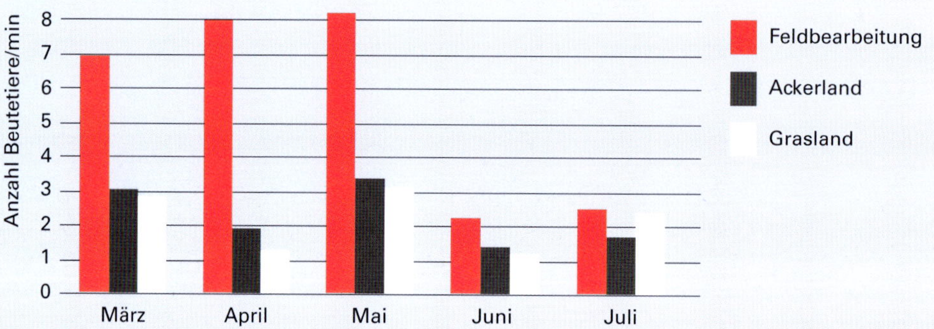

Während die Weißstörche, ebenso wie Mäusebussarde, Schwarz- und Rotmilane, von häufigen bodenbearbeitenden Aktivitäten der Landwirtschaft profitieren, sind die häufigen Feldarbeiten für die meisten anderen Vogelarten fatal. Viele Nester von Bodenbrütern, wie beispielsweise von Feldlerche, Grauammer, Braunkehlchen, Schafstelze und Kiebitz, werden dabei zerstört

Strategie 2: Fokus auf leicht erreichbare Beutetiere

Am einfachsten, am schnellsten, am meisten – Regenwürmer sind für Störche während der Feldbearbeitung die am leichtesten erreichbaren Beutetiere. Aber auch auf Grasland und im Ackerland finden Störche bei feucht-regnerischem Wetter am häufigsten Regenwürmer.

Anders stellt sich die Lage dar, wenn im Juni und Juli heißes und trockenes Wetter herrscht und kaum Regenwürmer erreichbar sind. Nun suchen die Störche vermehrt Grasland und Felder auf, die ihnen andere Beutetiere versprechen: Grashüpfer in höherem Gras, kleine Buntkäfer und Spinnen auf vegetationslosem Ackerland, Mäuse nach dem Dreschen von Getreide. Aber in dieser Jahreszeit finden Störche deutlich weniger Beutetiere. Die Pausen zwischen Fütterungen werden länger und die Altvögel kehren nur mit wenig Futter ans Nest zurück.

Regenwürmer für die Nestlinge

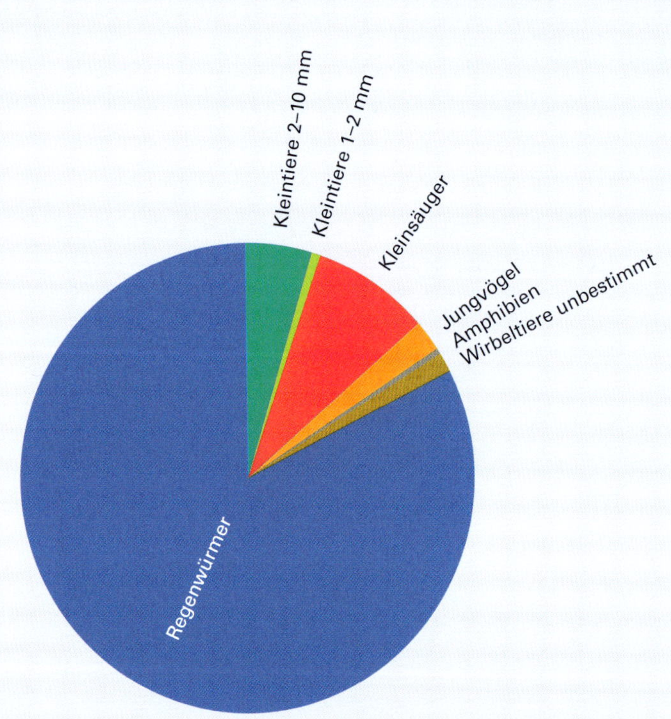

Das Diagramm zeigt die Gewichtsanteile der Beutetiere am Horst Chalet in Altreu in den Jahren 2021–2023. Die Nestlinge werden von den Altvögeln fast ausschließlich mit Regenwürmern gefüttert. Ergänzt wird die Nahrung durch kleine Beutetiere wie Insekten und deren Larven. Mäuse, Amphibien und Nestlinge anderer Vögel werden selten verfüttert.

nach unveröffentlichten Daten von L. Heer

Strategie 3: Ausdehnung des Nahrungssuchgebietes

In naturnahen Gebieten wie den Save-Auen, den Biebrza-Sümpfen oder entlang der Elbe erstreckt sich das Nahrungssuchgebiet während der Brutzeit bis etwa zwei Kilometer vom Horst entfernt, selten bis fünf Kilometer [76, 108, 154]. Im Gegensatz dazu findet der Weißstorch in Altreu seine Nahrung nicht mehr hauptsächlich in der Aareebene und somit in der näheren Umgebung des Nests. Er fliegt oft zu über 15 Kilometer entfernt liegenden Nahrungsgebieten. Dabei gelangt er über den Bucheggberg bis ins Limpachtal oder Wasseramt oder entlang des Jurasüdfußes bis nach Rüttenen.

Nahrungssuchflüge der Senderstörchin EUROPA

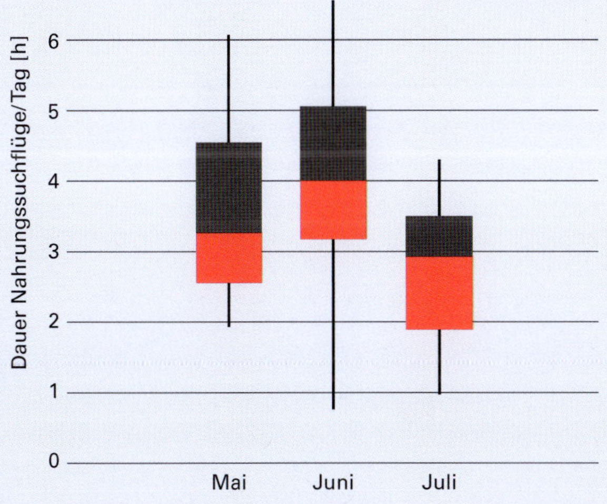

In der Aareebene zwischen Lyss und Solothurn fliegen Weißstörche oft Nahrungsgebiete an, die 5 bis 15 Kilometer vom Nest entfernt sind. Sie kreisen dabei oft lange auf der Suche nach Feldern, die bearbeitet werden, und legen täglich Strecken bis über 100 Kilometer zurück. Die reine Flugzeit beträgt dabei 3 bis 4 Stunden, bisweilen sogar über 6 Stunden. Wertvolle Zeit, die der eigentlichen Nahrungssuche abgeht.

Senderdaten von Europa/DER A1A26 4004; Fiedler W., Flack A., Schäfle W., Keeves B., Quetting M., Eid B., Schmid H., Wikelski M. (2019). Daten von: Study «LifeTrack White Stork SW Germany» (2013–2019). Movebank Data Repository. doi: 10.5441/001/1.ck04mn78; Sponsor Sender: Informelle Interessengemeinschaft Storchenfreunde Biel-Benken IIGSFBB.

Nahrungssuchgebiete der Senderstörchin EUROPA im Jahr 2022

In den Karten ist das Aufenthaltsgebiet während der Nahrungssuche der Senderstörchin EUROPA DER A1A26 nach Monat getrennt dargestellt.

März — EUROPA und ihr Partner besetzen den Horst Egelsee Ost und bauen am Nest. In dieser Zeit suchen die Altstörche meist in nächster Nähe zum Nest nach Nahrung, bewachen den Horst und verteidigen ihn gegen etwaige Rivalen. Ende März erfolgt dann die Eiablage.

April — Die beiden Altvögel bebrüten das Gelege abwechselnd. In den Brutpausen sucht EUROPA in der weiteren Umgebung des Nests nach Nahrung und verbleibt dabei meist in der Aareebene zwischen Büren und Grenchen.

Mai — Die Jungen schlüpfen um den 1. Mai, sodass dieser Monat ungefähr die erste Hälfte der Nestlingszeit abbildet. Die Suche nach Futter führt EUROPA etwas weiter und neben der Aareebene nutzt sie auch Gebiete im Bucheggberg und im Seeland westlich Lyss.

Juni — Die fünf Nestlinge werden immer größer und ihr Nahrungsbedarf steigt, doch gleichzeitig nehmen die feldbearbeitenden Tätigkeiten der Landwirt:innen ab. EUROPA sucht immer weiter weg vom Nest nach ergiebigen Nahrungsgebieten. Dies führt sie vermehrt in den Bucheggberg, entlang des Korridors Oberwil und Schnottwil und in die Region um Lyss.

Senderdaten von Europa / DER A1A26 4004; Lokationen berücksichtigt mit einer maximalen Grundgeschwindigkeit <1,0 m/s; Fiedler W., Flack A., Schäfle W., Keeves B., Quetting M., Eid B., Schmid H., Wikelski M. (2019). Daten von: Study «LifeTrack White Stork SW Germany» (2013–2019). Movebank Data Repository. doi:10.5441/001/1.ck04mn78; Sponsor Sender: Informelle Interessengemeinschaft Storchenfreunde Biel-Benken IIGSFBB.

Karten: © swisstopo

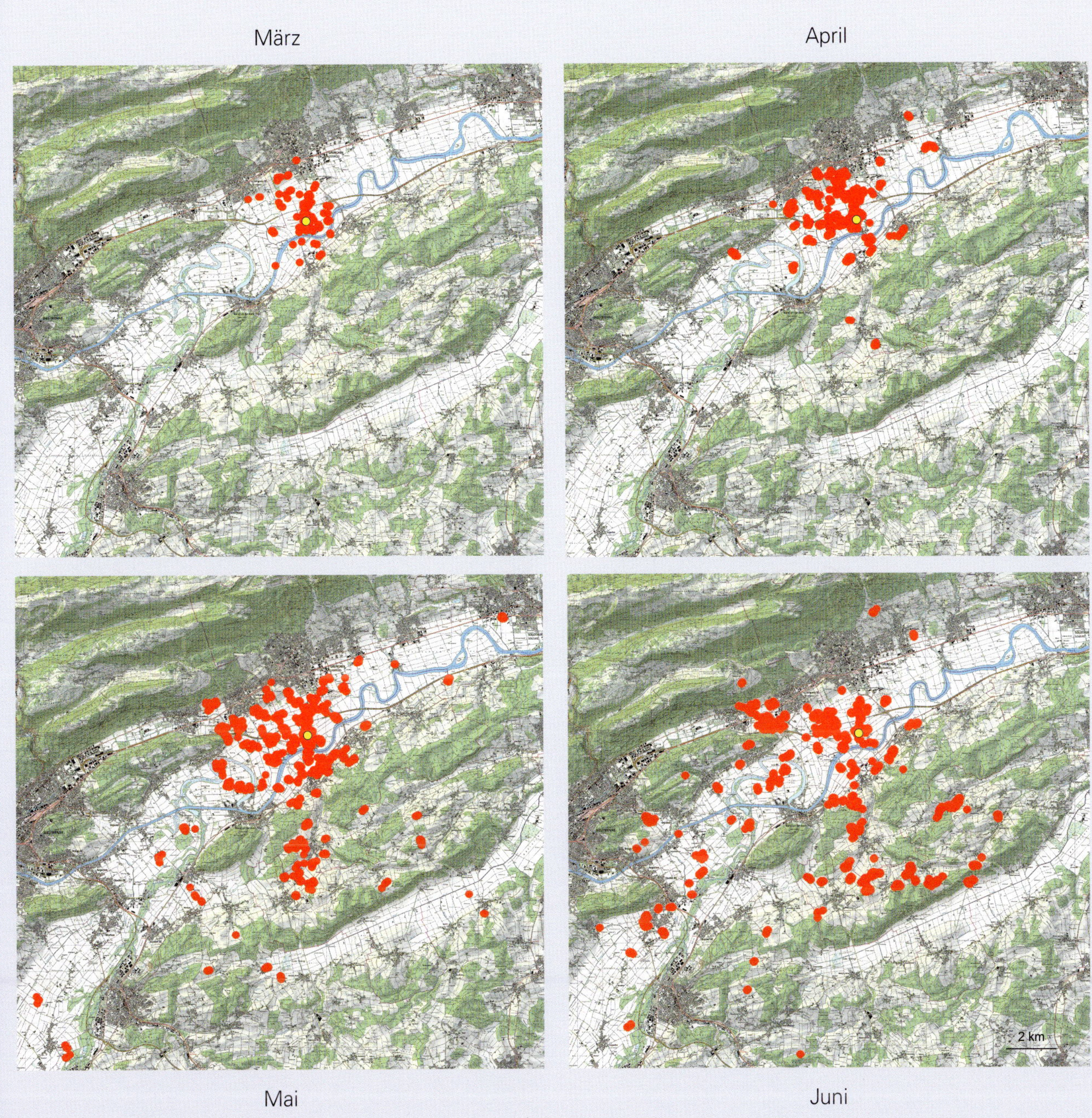
März
April
2 km
Mai
Juni
Neststandort

Strategie 4: Altvögel decken zuerst eigene Bedürfnisse

Der Weißstorch ist ein typischer K-Stratege, also eine Art mit einer langen Lebenserwartung und einer geringen jährlichen Fortpflanzungsrate. Sein Interesse gilt somit auch dem eigenen Überleben und zukünftigen Bruten. Bei knappem Nahrungsangebot stillt ein Brutvogel am Tag zuerst seinen eigenen Hunger. Erst die zusätzlich gefundene Nahrung bringt er seinen Jungen. So ist in Altreu die Fütterungsfrequenz in der ersten Tageshälfte tiefer als in der zweiten. Ein Altvogel füttert vormittags nur etwa alle vier Stunden, am Nachmittag erhöht sich diese Frequenz immerhin auf knapp eine Fütterung pro zwei Stunden. Damit liegt Altreu deutlich unter dem üblichen Schnitt. In nahrungsreichen Gebieten füttert ein Altvogel etwa doppelt so häufig [154]. Kleinere Bruten und ein langsameres Wachstum der Jungvögel in Altreu sind die Folgen.

Tagesverlauf der Fütterungen

Die Fütterungsrate bei fünf Nestern in Altreu (unbewachte zweite Hälfte der Nestlingszeit) [194] beträgt in der ersten Tageshälfte für beide Eltern zusammen im Mittel nur 0,25 Fütterungen pro Stunde, am Nachmittag steigt sie auf 0,41 Fütterungen pro Stunde. Grau hinterlegte Tageszeiten: Nacht vor Sonnenaufgang beziehungsweise nach Sonnenuntergang um den 21. Juni. Gestrichelte Linie: Tagesmitte zwischen Sonnenaufgang und -untergang.

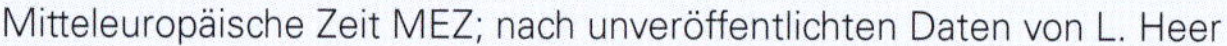
Mitteleuropäische Zeit MEZ; nach unveröffentlichten Daten von L. Heer

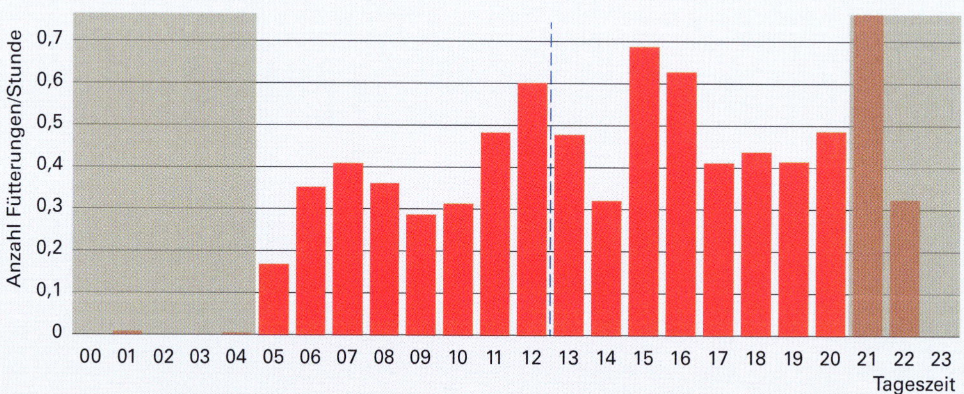

Strategie 5: Längere «Arbeitszeiten»

Die Altvögel in Altreu verlassen das Nest am Morgen noch bei völliger Dunkelheit, gewöhnlich vor 4 Uhr mitteleuropäischer Zeit. Am Abend kehren die Altvögel meist erst nach Einbruch der Dunkelheit zum Nest zurück, in der Regel deutlich nach 21 Uhr. Damit dehnen sie die Abwesenheit vom Nest und die Suche nach Futter auf rund 17 Stunden aus (davon ist es rund 16 Stunden hell). Auch tagsüber legen sie kaum Ruhezeiten ein und verbringen keine Zeit passiv auf dem Nest. Somit machen Störche in Altreu zur Brutzeit «Überstunden». Futter suchen ist ihr einziges Ziel. Fliegen während der Nacht birgt aber ein weiteres Risiko: Hochspannungsleitungen sind weniger gut sichtbar und das Risiko von Unfällen steigt.

Dabei unterscheiden sich die Störche in Altreu deutlich von osteuropäischen Brutpaaren. Diese verlassen das Nest meist deutlich nach Sonnenaufgang und kehren abends noch bei Helligkeit aufs Nest zurück. Auch tagsüber können sie bisweilen nach einer Fütterung auf dem Nest verbleiben, ausruhen und Gefiederpflege betreiben [201–206]. Solche Ruhezeiten können sich die Störche in Altreu nicht leisten.

Sonntag ist Ruhetag

Die Konvention von Rußheim von 1995 (siehe Vorwort) legt fest, dass der Weißstorch nicht mehr zugefüttert werden darf, damit er nicht mehr vom Menschen abhängig ist. Dieses Verbot wurde umgesetzt, doch die Abhängigkeit des Storchs vom Menschen bleibt in unserer Kulturlandschaft bestehen. Hinter einem pflügenden Traktor findet ein Weißstorch mehr als doppelt so viel Nahrung wie auf unbearbeitetem Gras- oder Ackerland. Kein Wunder, dass der Weißstorch gezielt Felder aufsucht, die von den Landwirt:innen bearbeitet werden! Dies bringt ihn aber wieder in Abhängigkeit zum Menschen. Ackerbauliche Tätigkeiten finden in der Aareebene zwischen Büren und Solothurn fast ausschließlich von Montag bis Samstag statt. Sonntag ist üblicherweise Ruhetag. Wenn die Feldarbeiten ruhen, schlägt sich das bei trockenem und heißem Wetter direkt in der Fütterungsrate nieder: Die Jungen bekommen am Sonntag weniger Futter. Aufgrund des Nahrungsdefizits am Sonntag suchen die Altvögel am Montagmorgen länger für sich selbst nach Nahrung, bevor sie wieder ihre Jungen füttern. Dadurch bleibt die Fütterungsrate auch am Montag niedriger.

Weniger Fütterungen am Sonntag und Montag

Während trockener und heißer Wetterphasen ist die Fütterungsrate am Sonntag mit durchschnittlich 5,2 Fütterungen pro Tag statistisch signifikant geringer und bleibt auch am Montag mit 6,1 noch tiefer. An den übrigen Wochentagen beträgt die durchschnittliche Rate 7,4 bis 10 Fütterungen pro Tag [194].

nach unveröffentlichten Daten von L. Heer

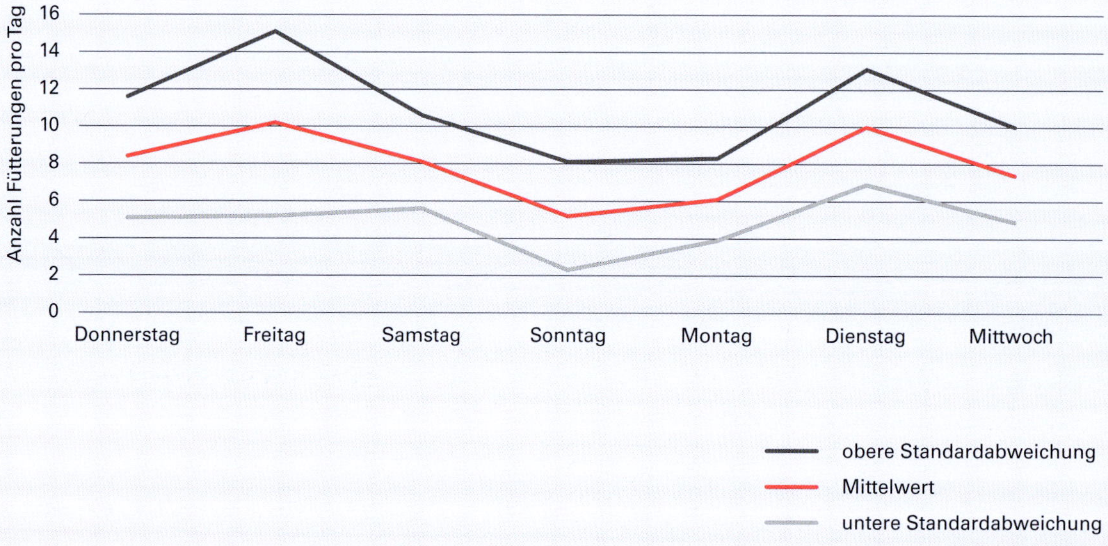

Gefährliches erstes Lebensjahr

Haben Jungvögel erst einmal die Nestlingszeit überstanden, warten nach dem Ausfliegen weitere risikoreiche Monate auf die unerfahrenen Jungstörche. Wie bei den meisten Vogelarten ist das erste Lebensjahr das gefährlichste. Kaum dem Nest entflogen, machen sie ihre erste große Reise mit vielen Gefahren. Noch unerfahren, kollidieren sie mit Freileitungen oder fallen anderen Gefahren zum Opfer. Deshalb erreicht nur ein kleiner Teil der Jungvögel ihr erstes Winterquartier oder überlebt den ersten Winter [54, 55, 143]. In Spanien oder Marokko überwinternde Jungstörche haben jedoch eine geringere Sterblichkeit als solche, die in die Sahelzone fliegen.

Jungstörche in ihrem sicheren Horst. Doch sobald sie das Nest verlassen, warten viele Gefahren auf sie.

8| Der Zug der Weißstörche

Der Weißstorch war ursprünglich ein ausgesprochener Zugvogel und überwinterte südlich der Sahara. Als Langstreckenzieher wanderte er über Spanien und Marokko bis in die Sahelzone (Westzieher) oder entlang der kleinasiatischen Küste und des Nils bis nach Ostafrika, teilweise sogar bis nach Südafrika (Ostzieher). In den letzten Jahrzehnten ist das Zugverhalten insbesondere der Westzieher im Wandel. Viele mitteleuropäische Weißstörche ziehen nur noch bis Südfrankreich, Spanien oder Marokko. Unterdessen verbleiben viele Störche auch ganz in ihren Brutgebieten.

Perfekter Langstreckenzieher

13 400 Kilometer – so weit fliegt ein Weißstorch auf seinem Herbstzug von Nordostpolen über den Tschadsee bis nach Südafrika. Für diesen langen Weg ist er dank seiner Flügelform als Thermiksegler bestens angepasst. Doch dadurch ist der Weißstorch an Hügel- und Gebirgszüge gebunden, wo Aufwinde entstehen. Hier schraubt er sich auf Höhen bis 4000 Meter hoch und gleitet dann über größere Strecken bis zur nächsten Aufwindzone. Durch diese Flugweise spart er auf dem Zug viel Energie. Thermikarmen Passagen wie großen Wasserflächen weicht der Weißstorch dagegen aus. Er meidet auf seinem Weg nach Afrika das Mittelmeer, wo aufsteigende Luftschläuche fehlen und er große Strecken mittels aktivem Ruderflug zurücklegen müsste. So führt das Mittelmeer zu der beobachteten Teilung der europäischen Populationen mit geografisch bedingten Zugrouten: Die westziehenden Störche fliegen Richtung Spanien und gelangen gegebenenfalls bei der Straße von Gibraltar nach Afrika. Die ostziehenden wählen den Weg über den Bosporus und den Golf von Suez nach Afrika.

Der Weißstorch ist ein perfekter Thermiksegler. Auf dem Zug sammeln sich oft Hunderte oder Tausende Weißstörche an Orten mit Aufwinden und lassen sich in die Höhe treiben.

Der Weißstorch profitiert von seinen energiesparenden Flugeigenschaften im Brutgebiet, auf dem Zug und in den Überwinterungsgebieten.

Als Thermiksegler meidet der Weißstorch weite Überflüge über das offene Meer, da er hier im energieintensiven Ruderflug fliegen muss. Dennoch kommt dies vor. So sind Flüge über die Routen Korsika und Sardinien, über Italien und Sizilien sowie über Griechenland und Kreta nachgewiesen [189].

Klassische Zugrouten

Die Weißstörche ziehen entlang zweier Hauptrouten nach Afrika [53, 54, 133, 184]. Das Mittelmeer trennt dabei die europäischen Brutstörche in zwei Populationen: Die Westzieher (rote Pfeile) wandern über Spanien und die Straße von Gibraltar nach Marokko, durchqueren die Sahara und gelangen bis in die Sahelzone von Senegal, Mauretanien, Mali, Niger und Tschad. Die östliche Population (orange Pfeile) zieht über Kleinasien und den Bosporus der kleinasiatischen Mittelmeerküste entlang. Nach dem Golf von Suez gelangen diese Störche nach Ägypten, wo sie entlang des Nils bis in den Sudan, den Tschad oder nach Äthiopien wandern. Dort verbringen sie den Winter, bei schlechtem örtlichem Nahrungsvorkommen ziehen sie weiter nach Ostafrika oder sogar bis Südafrika. Eine kleine Zahl von Störchen wählt auch den direkten Weg über das offene Mittelmeer nach Afrika. Störche der Maghreb-Population Algeriens und Tunesiens ziehen direkt nach Süden durch die Sahara [54]. West- und ostziehende Weißstörche trennen sich unscharf entlang einer Zugscheide, welche sich längs durch Deutschland zieht (violette gestrichelte Linie) [37, 60]. In der Mischzone treten beide Zugarten auf. Einzelne Vögel können sogar in einem Jahr entlang der Westroute ziehen, im Folgejahr entlang der Ostroute. Über die Zeit verschob sich die Grenze: Während des Bestandstiefs der Westzieher um 1950 dehnte sich das Areal der Ostzieher aus und sie besiedelten beispielsweise die Niederlande, die einst zum Gebiet der Westzieher gehörten. Seit der Zunahme der Westzieher wandert die Zugscheide wieder ostwärts. Auch bei den Weißstörchen des Maghreb gibt es eine Zugscheide (grüne gestrichelte Linie). Sie trennt die Weißstörche Marokkos und Westalgeriens von denjenigen Ostalgeriens und Tunesiens.

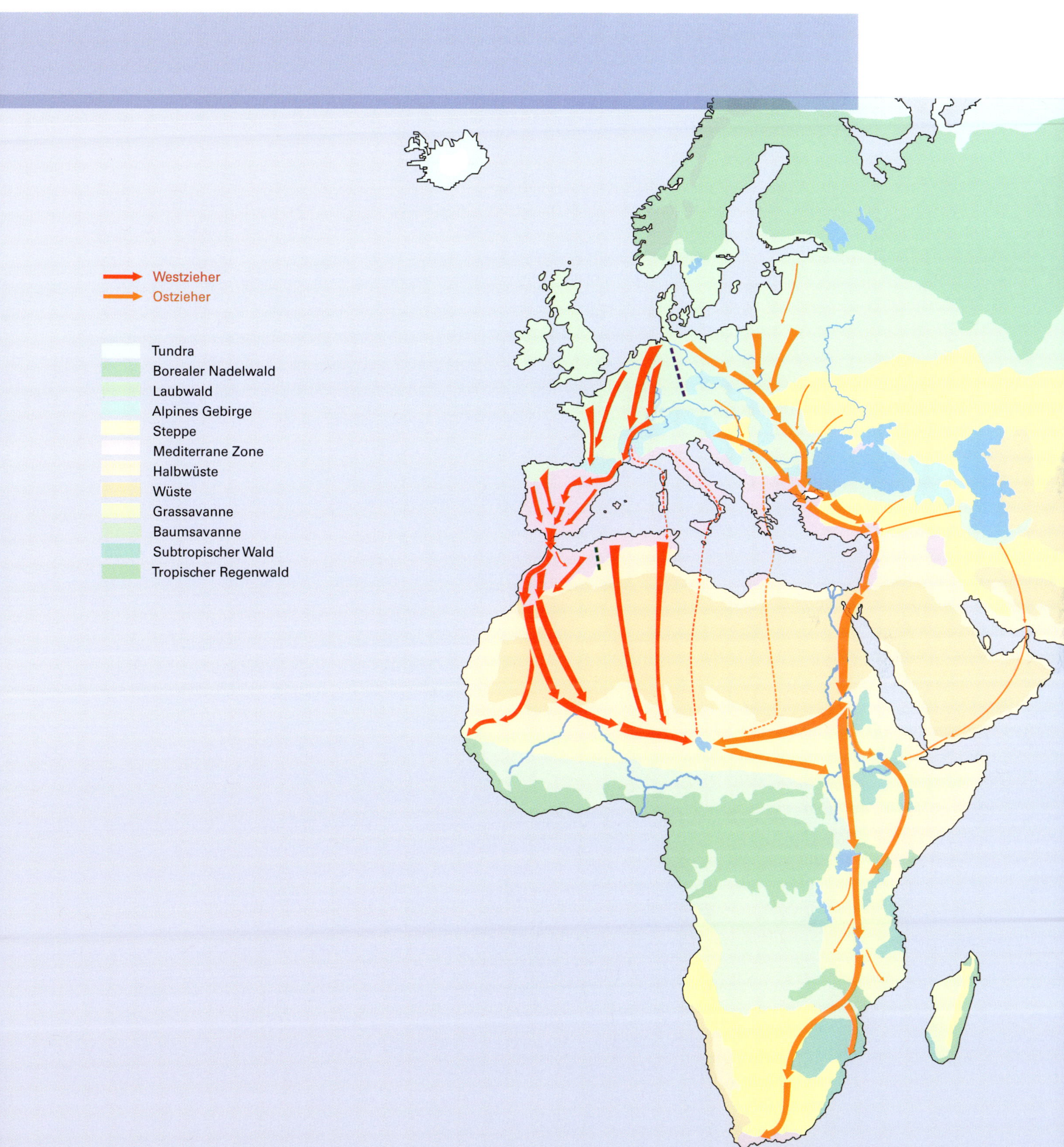
Westzieher
Ostzieher
Tundra
Borealer Nadelwald
Laubwald
Alpines Gebirge
Steppe
Mediterrane Zone
Halbwüste
Wüste
Grassavanne
Baumsavanne
Subtropischer Wald
Tropischer Regenwald

Westzieher

Schweizer Weißstörche ziehen westwärts durchs Mittelland und in Frankreich weiter dem Rhonetal entlang. Sie meiden eine Überquerung der Alpen [59].

Jura und Alpen leiten Weißstörche auf ihrem Herbstzug westwärts nach Frankreich. So ziehen Schweizer Störche durchs Mittelland oder entlang des Juras weg und verlassen die Schweiz bei Genf. Westzieher aus Deutschland werden durch den Jura nach Westen abgelenkt. Danach folgen die Störche dem Rhonetal bis nach Südfrankreich, wo sie entlang der Küste Richtung Spanien weiterziehen [16, 37, 60, 184].

Den ersten Teil des Zuges bis Nordspanien bringen die Weißstörche meist zügig und ohne Rasttag hinter sich. In Spanien legen sie Zugpausen von mehreren Tagen ein, wo sie auf dort brütende Individuen treffen. Auf Mülldeponien und an günstigen Schlafplätzen versammeln sie sich zu Hunderten oder Tausenden. Störche mit dem Ziel Afrika ziehen nach kurzem Aufenthalt weiter. In Spanien kanalisieren sich mehrere Zugrouten zur Straße von Gibraltar hin [8, 103]. Zwischen dem spanischen Tarifa und dem marokkanischen Tanger ist das Meer nur 18 Kilometer breit. Die Störche können bei guter Sicht das gegenüberliegende Land sehen, weshalb sie das offene Meer in den meisten Fällen dort überfliegen [16, 37, 184].

Sofern sie nicht bereits in Marokko überwintern, ziehen die Störche in kurzen Etappen weiter. Sie schieben einzelne Rasttage oder längere Aufenthalte ein, wobei auch hier Mülldeponien eine wichtige Rolle spielen. Nachdem sie entlang der marokkanischen Westküste südwärts gewandert sind und den Hohen Atlas und Antiatlas hinter sich gelassen haben, erreichen sie die Wüste von Mali und Mauretanien. Die Sahara überqueren sie in langen Tagesetappen in drei bis fünf Tagen. Erst südlich von 16 Grad nördlicher Breite treffen die Störche in der Sahelzone wieder auf Grasland, Buschgebiete und offene Vegetation. Hier zieht ein kleiner Teil westwärts Richtung Senegal. Die anderen Störche setzen ihren Zug ostwärts fort und erreichen ihr Überwinterungsgebiet im Süden von Mauretanien, Mali oder Niger [49, 60, 114, 184].

Störche, die in der Sahelzone überwintern, finden passende Lebensräume im Streifen der Grassavanne, der trockenen Buschsavanne und der Feuchtsavanne mit halb offenen Weidegebieten im Süden von Mauretanien, Mali, Niger, vom Tschad und in Nordkamerun [37, 114]. Weiter südlich liegen Zonen mit subtropischem Wald, beispielsweise in Guinea, der Elfenbeinküste, Ghana, Togo, Benin oder Nigeria. Dort stoppt der Weiterzug, denn der Weißstorch meidet Wälder und der Regenwaldgürtel in Zentralafrika (Kongo, Zaire) bildet eine unüberwindbare Barriere.

Die afrikanische Buschsavanne gehört zu den Hauptlebensräumen der Weißstörche in ihren Überwinterungsgebieten. Hier wimmelt es oft von Heuschrecken und anderen Insekten.

Der Storch richtet sich in der Sahelzone primär nach dem Nahrungsangebot [146, 148]. Überflutungsregionen größerer Flusssysteme (beispielsweise entlang der Flüsse Senegal und Niger) und Binnenseeregionen versprechen reichlich Nahrung [114]. In der Sahelzone fallen die meisten Regenfälle in den Monaten Juli bis September mit jährlichen Mengen von 200 bis 800 Millimeter [192]. Nach diesen sommerlichen Regenfällen treten Heuschrecken und andere Insekten stellenweise in Massen auf, gerade wenn die Störche im Wintergebiet eintreffen. Zwar verdunstet das Wasser durch die große Sonneneinstrahlung schnell, trotzdem verfügen größere Feuchtgebiete und Flusssysteme oft noch lange über Wasser. Der Beginn der Trockenzeit ab Oktober zwingt die Störche, flexibel zu sein. So verbringen sie selten länger als zwei Wochen im selben Gebiet und ziehen nomadisch umher. Dabei können sie den Regenfällen ostwärts bis Kamerun und ins Becken des Tschadsees folgen, wo sie mit den Ostziehern zusammentreffen [37, 114, 184].

Ein besonderes Verhalten zeigen Weißstörche bei Buschbränden. In der trockenen Savanne treten Feuer relativ häufig auf, in deren Nähe suchen Weißstörche gezielt nach Nahrung. Das Feuer scheucht Beutetiere auf und Störche finden einen reich gedeckten Tisch: Insekten, Reptilien und kleine Säugetiere [146].

Heuschrecken sind eine Leibspeise in der Sahelzone

Heuschrecken treten in der Sahelzone oft über mehrere Jahre hinweg in großen Schwärmen auf. Sie sind ein gefundenes Fressen für die dort überwinternden Weißstörche [60]. Vor 1960 waren Heuschreckenplagen häufig und ein Ausbruch dauerte meist einige Jahre. Mit der Einführung eines Monitoringsystems und gezielter Maßnahmen konnte der Mensch Ausbrüche im Anfangsstadium bekämpfen. Seither traten seltener größere Heuschreckenplagen auf [182]. Erst 2020 kam es nach vier Jahrzehnten wieder zu einem großen Heuschreckenaufkommen.

nach Quelle © Food and Agriculture Organization of the United Nations FAO, Desert Locust Information Service DLIS LocustHub 2017, veröffentlicht mit Bewilligung [182]

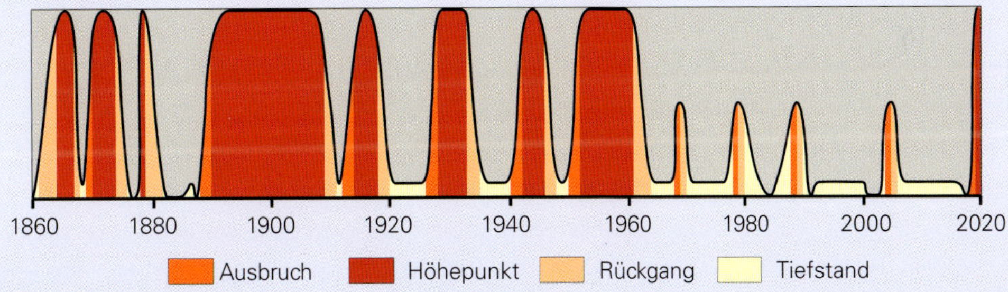

Ostzieher

Zu den Weißstörchen östlich der Zugscheide gehören die Populationen von Nordost-Deutschland, Dänemark, Polen, Litauen, Weißrussland, Ukraine, Tschechien, Slowakei, Rumänien und Kroatien. Ein erstes großes Rastgebiet liegt in Bulgarien am Schwarzen Meer, wo sich zur Zugzeit Tausende Weißstörche versammeln. Über den Bosporus und Kleinasien ziehen diese weiter südwärts. Die Vögel folgen dem Golf von Iskenderun und nutzen am Fuß des Nurgebirges die gute Thermik aus. In schmaler Front folgt die Mehrheit der Mittelmeerküste und gelangt über Syrien und den Libanon nach Israel [15, 37, 79, 98].

Über das Jordantal und die Wüste Negev oder über die Küstenebene fliegen die Störche weiter zur Halbinsel Sinai. Danach kreuzen sie die Meerenge am Golf von Suez und gelangen nach Ägypten. Dem Nil folgend fliegen sie bis zum Nasser-See im Süden Ägyptens und kürzen die Nilschleife im Norden des Sudans ab. Sie überqueren die Nubische Wüste und gelangen bei Abu Hamed wieder ins Niltal zurück. Hier fächert sich der Schmalfrontzug auf: Die meisten Störche fliegen Richtung Sudan oder in den östlichen Tschad, wo sie im Kurzgras-Savannengürtel wichtige Nahrungsgebiete finden (Tschadsee, Iro-See, Überschwemmungsebene Waza Logone, Erntefelder bei Bokoro) [37, 79].

Hier überwintern die Ostzieher oder machen eine längere Rast, bevor sie Ende Oktober oder Anfang November gegebenenfalls weiter südwärts ziehen. Darüber entscheidet das örtliche Nahrungsangebot. Die Störche bleiben einfach dort, wo es viel Nahrung gibt. Meistens hängt dies von Regenfällen in Ostafrika ab, welche zeitlich und je nach Breitengrad stark variieren. So überwintern sie beispielsweise bei Massenauftreten von Wanderheuschrecken im Sahel, vom Afrikanischen Heerwurm (einer Raupe eines Nachtfalters) in Ostafrika oder von Raupen des Luzernenschmetterlings in Südafrika [138].

Zugetappen und Wüstendurchquerung

Der Weißstorch mit der Sendernummer 23410844 gelangte in gut drei Wochen und ohne Rasttage vom Brutgebiet in Norddeutschland bis in den Süden des Tschad und legte täglich bis 400 Kilometer zurück (schwarz: Datum; rot: Tagesstrecke).

nach Daten in Rotics et al. 2016 [133]

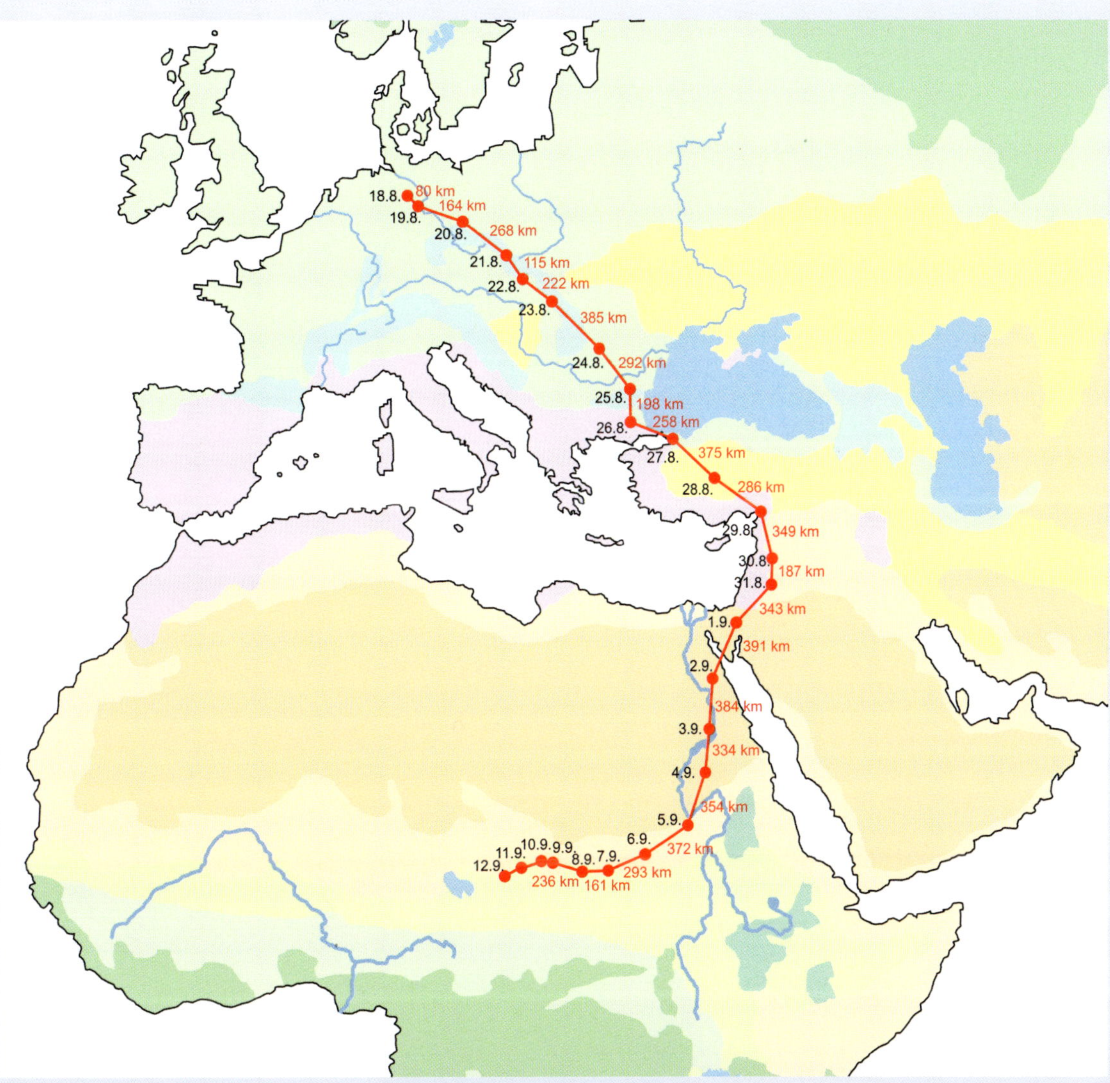

Plastisches Wanderverhalten – wandelbar statt fix

Der Weißstorch zeigt keine ausgeprägte Winterquartiertreue und das Zugverhalten ist genetisch nur ungefähr festgelegt. So kann ein Individuum in einem Jahr bis in die Sahelzone fliegen, im folgenden aber nur bis Marokko oder Spanien. Auch im Wintergebiet zieht der Weißstorch ohne große Gebietsbindung nomadisch umher [74]. Die angeborene Zugrichtung wird überdeckt, wenn sich ein Storch zugerfahrenen Artgenossen oder größeren Ansammlungen von Störchen anschließt. Nicht einmal die Zugscheide ist fest: So gibt es Einzelvögel, die in einem Winter der Westroute über Gibraltar folgen, im nächsten Winter aber entlang der Ostroute fliegen. Und selten gibt es auch Ringfunde von Schweizer Vögeln entlang der Ostroute. Im Becken des Tschadsees treffen Ostzieher und Westzieher aufeinander – auch dort ist ein Wechsel möglich, ein Storch kann über die andere Route ins europäische Brutgebiet zurückkehren [153, 189].

Vergleich West- und Ostzieher: Überwinterungsgebiete und Zugablauf

	Westzieher			**Ostzieher**	
	Mitteleuropa (Standvögel)	**Spanien/Portugal/ Marokko**	**Sahelzone**	**Sudan/Tschad**	**Ost- bis Südafrika**
Wegzug aus Brutgebiet	Verlassen meist Brutkolonie, verbleiben aber in der Brutregion	Mitte Juli bis Ende August		Anfang bis Ende August	
Zugroute	Schweifen kleinräumig in der Brutregion umher	Erreichen Spanien eine Woche nach Abflug aus dem Brutgebiet, wichtige Gebiete Lleida-Saragossa, Madrid, Sevilla	Längere Rast in Spanien, Überfliegen der Straße von Gibraltar Mitte August bis Mitte September	Überquerung des Bosporus in zwei Wellen: Mitte August und Ende August/Anfang September	
			Erreichen Wintergebiet im Sahel September bis Anfang Oktober	Erreichen Wintergebiet im Tschad oder Sudan Anfang September bis Anfang Oktober	Zwischenrastgebiet im Sudan und Tschad, verbleiben dort 4–6 Wochen von Ende Oktober bis Anfang Dezember
Überwinterungsgebiet	Schweizer Standvögel überwintern im Schweizer Mittelland	Kleinere Verschiebungen im Winterhalbjahr innerhalb Spanien, Portugal und Marokko	Nomadische Wanderungen entlang der Sahelzone: Senegal, Mauretanien, Mali, Niger, Tschad	Tschad, Sudan bis Äthiopien	Überwinterungsgebiete in Ost- und Südafrika: Kenia, Tansania, Sambia, Simbabwe, Botswana, Mosambik, Südafrika
Start Heimzug	–	Januar, Februar	Gibraltar: Höhepunkt Februar/März	Ab Februar bis Anfang März	
Ankunft im Brutgebiet	Treffen im Januar oder Anfang Februar an ihren Horsten ein	Februar bis Anfang März	Ende Februar bis Ende März	Ende März bis Ende April/Anfang Mai	

Zusammenstellung nach 49, 54, 79, 99, 103, 114, 134, 143, 184, 189

Mittelmeerzieher

Die Mittelmeerroute ist bei Störchen selten, da sie von der Südspitze Sardiniens, Siziliens oder Griechenlands weite Strecken über das offene Mittelmeer im aktiven Ruderflug zurücklegen müssen.

Der Weißstorch meidet den risikoreichen Überflug über das Mittelmeer, den er im aktiven Ruderflug bewältigen muss. Darum fliegt nur ein sehr kleiner Teil der europäischen Vögel über Italien südwärts. Von der Westspitze Siziliens sind es dann 150 Kilometer Flug über das offene Meer, bis die Störche das Cap Bon in Tunesien erreichen. Einzelne Individuen können auch den Weg von Südfrankreich über Korsika und Sardinien wählen. Hier erwartet sie ein Flug über das offene Mittelmeer von mindestens 170 Kilometern nach Korsika und 190 Kilometern von der Südspitze Sardiniens nach Afrika [90].

Sind die Mittelmeerzieher erst in Nordafrika angekommen, überfliegen sie die algerische oder libysche Wüste in südlicher Richtung bis in die Sahelzone.

Zug der Maghreb-Population

Eine Zugscheide teilt auch die Brutvögel der Maghreb-Population (Marokko, Algerien, Tunesien) auf. Vögel von Marokko und West-Algerien schließen sich westziehenden Störchen Europas an und wandern innerhalb Mauretaniens nach Süden. Störche von Ost-Algerien und Tunesien ziehen direkt südwärts, überfliegen das Haggar-Plateau und die mittlere Sahara und ziehen östlich bis ins Tschadgebiet. Doch die Maghreb-Störche bleiben nicht lange in ihren Wintergebieten. Bereits Ende November oder Anfang Dezember kehren sie in ihre Brutgebiete in Marokko, Algerien und Tunesien zurück [54, 79].

Spitzensportler mit wenig Reiseproviant

3375 Kilometer in zehn Flugtagen, davon 1118 Kilometer an nur drei aufeinanderfolgenden Tagen – die Flugleistungen auf dem Zug sind gewaltig [133]. Als Segelflieger verbraucht ein Storch 70 bis 80 Prozent weniger Energie als eine im Ruderflug ziehende Art. So legen Störche nur geringe Fettdepots für den Zug bis in die Sahelzone an [15]. Vor dem Ruhen am Abend und am Morgen vor dem Weiterflug frisst der Weißstorch nur die aktuell benötigte Nahrungsmenge für einen Tag. Ja, er hungert sogar vor einem weiten Überflug über das Meer oder die Wüste. Was auf den ersten Blick paradox erscheint, ist durchaus sinnvoll. Leichtere Vögel gewinnen insbesondere bei schwachen Aufwinden besser an Höhe und verlieren danach beim Gleiten etwas weniger schnell an Höhe und kommen so weiter. So nehmen die Ostzieher ab Israel bis Ägypten kaum mehr Nahrung auf, um möglichst leicht die Sahara zu überfliegen. Auch in den Wüstenregionen starten sie bereits mit den ersten thermischen Aufwinden bei Sonnenaufgang ohne vorherige Nahrungsaufnahme. Haben die Störche aber ihr Winterquartier erreicht, fressen sie viel. Ab September und Oktober nimmt das Körpergewicht kontinuierlich zu und ist mitten im Winter am höchsten, bevor es gegen Frühling vor dem Heimzug wieder abnimmt [15].

Risikoreicher Flug über die Sahara

Die Weißstörche überfliegen die Sahara in einem Rekordtempo von nur vier bis fünf Tagen, auch wenn sie als Thermiksegler nur tagsüber ziehen und nachts rasten. Doch wie lebensfeindlich und risikohaft ist dieser Überflug [91]? Sicherlich sterben in der Wüste einige Störche, doch wenden sie Strategien an, die ihnen diese Wüstenüberquerung erleichtern. Mit den ersten Sonnenstrahlen lassen sich die Störche in die Höhe treiben und überqueren die Wüste in einer Höhe von 1000 bis 2500 Meter über Meer. Herrschen am Boden 40 bis 50 °C, so liegen die Temperaturen in dieser Höhe bei nur 25 bis 35 °C. Dazu kommt bei einer Zuggeschwindigkeit von etwa 55 Kilometern pro Stunde der kühlende Flugwind. Erst gegen Abend landen sie wieder und verbringen die Nacht in der Wüste, wo im September die Temperaturen unter 30 °C liegen. Da der Storch nicht aktiv fliegt, erhitzen sich seine Muskeln auch kaum [99].

Weißstörche brauchen beim Flug über die Sahara dank ihres optimierten Segelfluges nur wenig Energie. Der Storch mit der Sendernummer 23410844 befand sich zwischen dem 3. und 5. September 2012 über der Wüste Ägyptens und des Sudans. Er schraubte sich dabei in Aufwinden bis auf 2500 Meter hoch und legte dann im Gleitflug mit Spitzengeschwindigkeiten bis über 70 Kilometern pro Stunde weite Strecken zurück. Eine besonders starke Thermikzone nutzte er beispielsweise am 3. September zwischen 12:10 und 12:25 Uhr, wo er in 15 Minuten über 1000 Höhenmeter hochstieg. Auf diese Weise schaffte dieser Storch eine Tagesstrecke von über 300 Kilometern.

nach Daten in Rotics et al. 2016 [133]

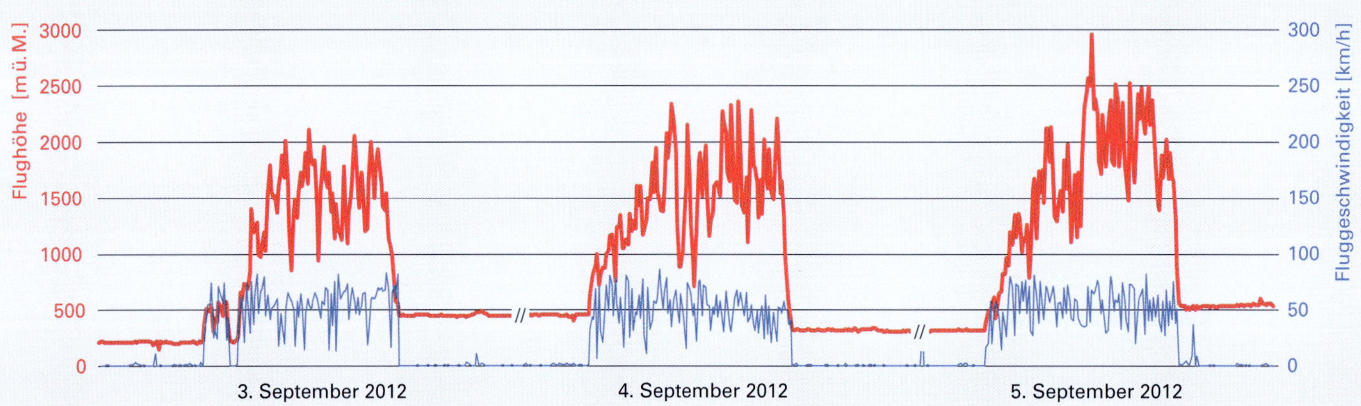

Unerfahrene Jungstörche

Weißstörche ziehen in Trupps, die sich entlang der Zugroute weiter zusammenschließen und so Ansammlungen mit Hunderten, wenn nicht gar Tausenden Individuen bilden. Davon profitieren insbesondere Jungstörche, denn sie benötigen auf ihrem ersten Zug Hilfe, um die beste Zugroute mit günstigen Aufwindregionen und Rastplätzen zu finden. Allerdings fliegen sie weniger effizient als erfahrene Altvögel, was sie mit energieaufwendigem Schlagflug kompensieren müssen. Nicht selten fallen daher Jungstörche zurück und verlieren den Anschluss. Oft können sie sich aber einer nachfolgenden Gruppe mit Altvögeln wieder anschließen. Jungvögel verbessern aber bereits während ihres ersten Herbstzuges ihre Flugleistung, sodass sie gegen Ende des Zuges ebenso ökonomisch fliegen wie ältere Störche [30, 33].

Für Jungstörche ist der erste Herbstzug der gefährlichste und risikoreichste Abschnitt ihres Lebens. Viele sterben auf der Route ins Winterquartier an Erschöpfung oder verunglücken aufgrund geringerer Lebenserfahrung. 70 Prozent der besenderten Westzieher finden auf ihrem ersten Herbstzug oder in der Sahelzone den Tod [32, 156].

Risiko Zug: Auf dem Weg in die Wintergebiete lauern viele Gefahren wie Meeres- und Wüstenüberquerungen, Ermüdung, Unwetter, Feinde, Freileitungen, Windturbinen, Jagd usw.

Ein Leben zwischen Wetterextremen

Unterschiedlicher kann das Wetter auf dem Weg zurück in das Brutgebiet fast nicht sein. Haben Weißstörche die Wüstengebiete in Nordafrika und trockene Regionen in Südspanien oder in der Türkei überquert, so erwartet sie in den Brutgebieten kaltes Winterwetter.

Wenn der Weißstorch auf seinem Heimzug im Januar die Wüstenregionen Mauretaniens und Malis durchfliegt, prägen größte Hitze, Wasserarmut und vegetationslose Zonen seine Umgebung. Nur einen Monat später, nach Ankunft im Brutgebiet, kann er sich mitten im europäischen Hochwinter befinden: Temperaturen weit unterhalb des Gefrierpunktes, vollständig schneebedeckter Boden. Der Weißstorch muss sehr anpassungsfähig und flexibel in der Thermoregulation und der Nahrungssuche sein.

Bei großer Kälte steht der Weißstorch auf nur einem Bein und zieht das andere ins schützende Bauchgefieder. Zusätzlich verfügt der Weißstorch, wie andere Vogelarten, in den Beinen über sogenannte malpighische Gefäße. Die vom Körper in die Extremitäten wegführenden Arterien geben die Wärme mithilfe eines dichten Netzes von Gefäßen direkt an zurückfließende Venen ab. Der Wärmeverlust in den Beinen wird auf diese Weise minimiert. Zusätzlich stecken die Störche beim Ruhen den Schnabel in die aufgeplusterten Brustfedern, ebenfalls um weniger Wärme zu verlieren.

Bei großer Hitze hingegen bekoten die Weißstörche ihre eigenen Beine, was aufgrund der Verdunstungskälte zu einer Abkühlung der Beine und indirekt des Körpers führt [63, 80]. So sieht man die meisten Störche bei hochsommerlicher Hitze oder in den Überwinterungsgebieten mit weißen und von Kot verkrusteten Beinen. Ebenfalls hecheln Störche, wodurch sie über die Schleimhäute Wärme abgeben. In der afrikanischen Mittagshitze suchen Störche oft flache Gewässer auf und stehen im Wasser. Mit diesem Fußbad kühlen sie ihre Beine und somit auch ihren Körper ab.

Thermoregulatorisches Bekoten der Beine

Mit dem thermoregulatorischen Beinkoten erzielen Weißstörche eine Senkung ihrer Körpertemperatur mittels Verdunstung. Dabei nehmen sie eine spezielle Körperhaltung ein: Der Storch richtet sich auf und drückt den Schwanz etwas nach vorne unten. Dann hebt er ein Bein an und bringt es dadurch in die Nähe der Kloake. Eine weißliche und dickliche Harnflüssigkeit – die sich vom Kot unterscheidet – wird in Richtung des angehobenen Beines abgegeben. Die Flüssigkeit fließt langsam das Bein hinunter und bildet eine weiße Kruste. Durch Verdunsten der abgegebenen Harnflüssigkeit wird die Beintemperatur gesenkt und somit auch das venöse Blut in den Beinen, das in den Körper zurückfließt.

Dieses Beinkoten wird von den Störchen bei heißen Temperaturen über 30 °C regelmäßig durchgeführt: im Brutgebiet, auf dem Zug wie auch im Überwinterungsgebiet in Afrika [37, 79].

Wenn der Zug blockiert ist

Auf einem monatelangen Zug durch lebensfeindliche Gebiete und verschiedene Klimaregionen kann viel passieren. Ungünstige Winde, fehlende Thermik, anhaltender starker Regen oder tiefwinterliche Bedingungen in Mitteleuropa können die Zugaktivität mindern, ganz unterbrechen und die Rückkehr verspäten [79].

Bei normalen Wetterbedingungen stellen Hindernisse wie der Atlas in Marokko, die Straße von Gibraltar oder der Golf von Suez kaum ein Hindernis dar. Bei länger dauerndem Schlechtwetter mit fehlender Thermik können aber Zugverzögerungen an Gebirgen oder bei Meeresüberquerungen auftreten und den Weiterzug blockieren. In diesen sogenannten Störungsjahren treffen viele Störche verspätet in ihren Brutgebieten ein, was sich meist auch auf den Bruterfolg auswirkt.

Als die Mehrheit der Westzieher noch bis in den Sahel zog, traten Störungsjahre relativ häufig auf. Seit aber der Großteil nur noch bis Spanien zieht, entfallen größere Zughindernisse und Störungsjahre sind selten geworden. Lediglich Kälteeinbrüche in Mitteleuropa oder Wetterlagen mit starkem Nordostwind können die Ankunft in den Brutgebieten um ein paar Tage hinauszögern. Hingegen treten Störungsjahre bei den Ostziehern weiterhin auf, so beispielsweise im Jahr 2021, als ein Teil der Brutvögel erst mit einer Verspätung von einem Monat in ihren Brutgebieten eintraf.

Sind Ost- oder Westzieher im Vorteil?

Der Energieaufwand während des Zuges ist je nach Route, Topografie, Zeitpunkt und Zuggeschwindigkeit sehr unterschiedlich. Die Ostzieher mit ihrem weiten Zug bis nach Südafrika scheinen auf den ersten Blick im Vergleich zu den in Marokko überwinternden Westziehern viel mehr Energie zu benötigen. Günstigere Winde und bessere Bedingungen für den Segelflug entlang der Ostroute erlauben jedoch eine weiter südliche Überwinterung bei nur geringfügig mehr Energieaufwand. Westzieher haben zwar weniger Zugtage, doch sind die Flugbedingungen auf dieser Route anstrengender. Dies führt zu einem vergleichsweise hohen Energieaufwand [54].

Unterschiede zwischen West und Ost: In Westeuropa sind naturnahe Flussniederungen selten geworden. In Osteuropa hingegen finden sich noch großflächige Überschwemmungslandschaften oder Flussauen wie die von Biebrza und Narew in Nordostpolen, die Marchauen in Österreich, die Save-Auen in Kroatien oder die Donau-Auen in Rumänien.

Die Sahelzone fällt unter das Regime der nördlichen tropischen Regenzone. Niederschläge fallen hier vor allem zwischen Juni und September, also wenn die Westzieher noch nicht eingetroffen sind. Hingegen wird Ost- und Südafrika durch das Regime der südlichen tropischen Regenzone bestimmt. Hier regnet es normalerweise zwischen November und April und somit genau dann, wenn die Ostzieher anwesend sind. Aufgrund dessen finden Ostzieher eine wachsende Vegetation vor, die auch ein wachsendes Nahrungsangebot aufweist. Westzieher hingegen müssen während ihres Winteraufenthalts von einem abnehmenden Nahrungsvorkommen leben. Somit kann sich das Nahrungsangebot in der westlichen Sahelzone während des Winteraufenthalts erschöpfen [81, 192].

Die in der Sahelzone überwinternden Westzieher sind den Umweltbedingungen stärker ausgeliefert als die Ostzieher. Sie bewegen sich im Wintergebiet in West-Ost-Richtung, also auch in der Richtung, in der das Wetter wandert und so die ganze Überwinterungszone beeinflusst. Der Regen kann im ganzen Sahel ausbleiben und die Dürre herrscht dann großflächig, wie in den 1970er- und 1980er-Jahren [146, 192].

Die Ostzieher hingegen wandern in Nord-Süd-Richtung, ihr Wintergebiet reicht von der östlichen Sahelzone über die Savannenzone südlich des Äquators bis nach Südafrika. Sie durchwandern verschiedene Großwetterzonen und können deshalb variabler auf das lokale Wetter reagieren. Ungünstigen Wetter- und Nahrungsbedingungen können sie leicht ausweichen und klimatisch günstigere Gebiete in kurzer Distanz aufsuchen. Bei hohem Nahrungsvorkommen in Ostafrika verbleiben sie dort, bei geringem Angebot wandern sie einfach weiter [79].

Die jährliche Überlebensrate von West- und Ostziehern unterscheidet sich trotz der unterschiedlichen Zugwege und Zuglänge kaum. In der ganzen Sahelzone herrschen jedoch großräumig ähnliche Bedingungen, eine katastrophale Lage dort kann deshalb einen Großteil der Westzieher treffen. Ostzieher hingegen überwintern in einer viel größeren Zone Ost- und Südafrikas mit jeweils unterschiedlichen Bedingungen. Lokal lebensfeindliche Faktoren wirken sich nur auf einen kleinen Teil der Ostzieher aus [143].

Gefahren im Überwinterungsgebiet

Weißstörche halten sich entlang ihrer Zugroute und in den Überwinterungsgebieten oft in ariden Gebieten auf.

Die europäischen Brutgebiete erfahren seit über hundert Jahren eine Verschlechterung durch massive Eingriffe des Menschen in die Landschaft und die Intensivierung der Landwirtschaft. In den afrikanischen Überwinterungsgebieten kam es zu ähnlichen Entwicklungen. Hier setzte der Trend jedoch einige Jahrzehnte später ein und verstärkte sich erst ab den 1980er-Jahren. Zudem lauern entlang der Zugrouten und in den Wintergebieten viele weitere Gefahren [79, 114, 147].

Klima und fortschreitende Wüstenbildung

Mehrere Dürreperioden in der zweiten Hälfte des 20. Jahrhunderts führten zu einer Ausdehnung der Wüsten in der Sahelzone. Besonders hart traf es den Senegal, Mali und Niger. Dort, wo jährlich üblicherweise 600 Millimeter Niederschläge fallen, regnete es in den Dürrejahren nicht einmal die Hälfte. Seit 2000 nimmt die Niederschlagsmenge in der Sahelzone glücklicherweise wieder zu. Doch nach wie vor kommt es in der Sahelzone zu sehr trockenen Jahren, wie beispielsweise 2013 und 2018 [9, 146]. Der Bau von Staudämmen und die intensive Nutzung von Wasser für die landwirtschaftliche Produktion verschärfen das Problem. Viele Feuchtgebiete in der Zone der afrikanischen Grassavanne verkleinerten sich oder trockneten ganz aus [114, 146].

Die Witterungs- und Nahrungsbedingungen in der Sahelzone haben einen großen Einfluss auf die winterliche Überlebensrate des Weißstorchs und später auf den Bruterfolg in den Brutgebieten [82]. Bei guten Bedingungen können große Heuschrecken und der Heerwurm (die Raupe eines großen Nachtfalters) in der Grassavanne massenhaft auftreten und paradiesische Nahrungsverhältnisse schaffen. Trockenheit und Hitze hingegen reduzieren das Vorkommen von Beutetieren drastisch.

Niederschläge in Afrika

Die klimatischen Verhältnisse in den afrikanischen Überwinterungsgebieten unterscheiden sich zwischen den West- und Ostziehern stark. Entsprechend groß sind die Unterschiede im Nahrungsvorkommen und im Verlauf der Biomasse.

Daten: https://en.tutiempo.net/africa.html [192]

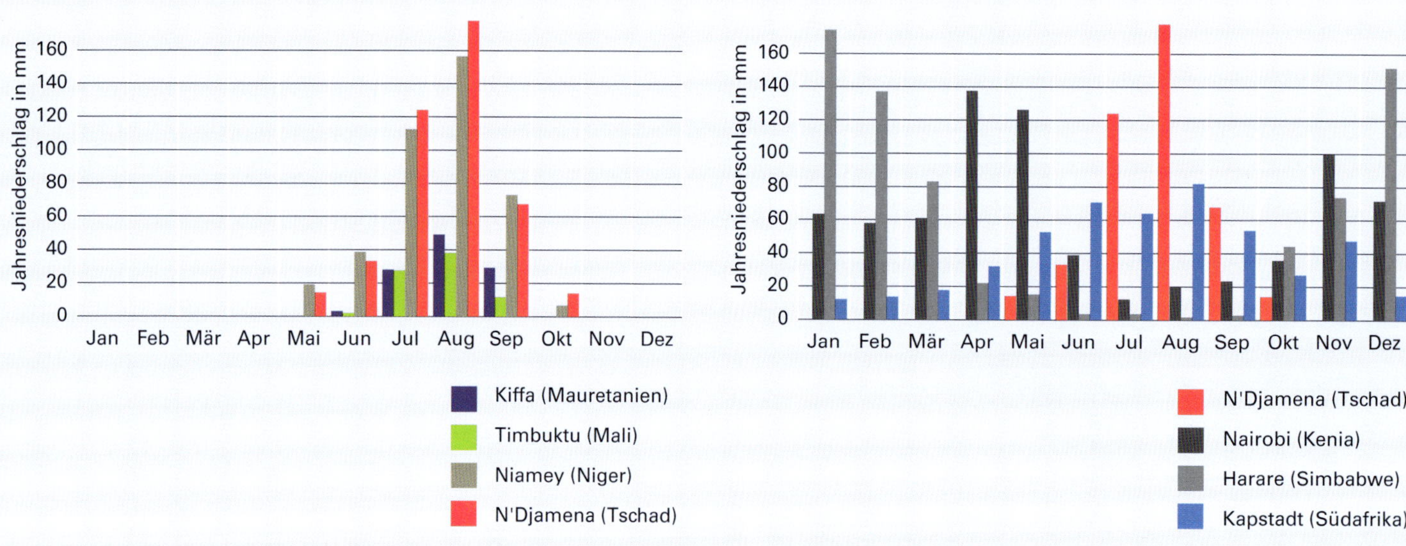

Westzieher

Die Sahelzone erhält ihre Niederschläge hauptsächlich von Juli bis September mit dem Südostpassat, wenn feuchte Luftmassen aus der Äquatorregion nach Norden transportiert werden. Die Ankunftszeit der westziehenden Störche im September und Oktober fällt mit dem Ende der Regenzeit zusammen. Die Biomasse und das Nahrungsangebot nehmen nach dem Ende der Regenzeit nur noch ab.

Ostzieher

Die Überwinterungsgebiete liegen in Ost- und Südafrika auf verschiedenen Breitengraden und sind somit über mehrere Klimaregionen verteilt. Die Niederschläge werden durch verschiedene Regenzonen bestimmt. Ist die Nahrungssituation im ersten Überwinterungsgebiet Tschad und Sudan nicht ausreichend, ziehen die Störche weiter südlich. Im Winterhalbjahr treffen sie dort immer auf regenreiche Gebiete, die ein gutes Nahrungsangebot bieten. Denn in der Folge von Niederschlägen vergrößern sich die Feuchtgebiete, die Grassavanne lebt auf, die Menge an Insekten nimmt stark zu.

Schlüsselfaktor Regen in der Sahelzone

Die Grafik zeigt die jährlichen Niederschlagsmengen in der Sahelzone: Kiffa (Mauretanien), Timbuktu (Mali), Niamey (Niger), N'Djamena (Tschad). Ausgesprochene Dürrejahre traten anfangs der 1970er-Jahre und Mitte der 1980er-Jahre auf. Seit 2000 nimmt die Niederschlagsmenge in der Sahelzone wieder zu.

Daten: https://en.tutiempo.net/africa.html [192]

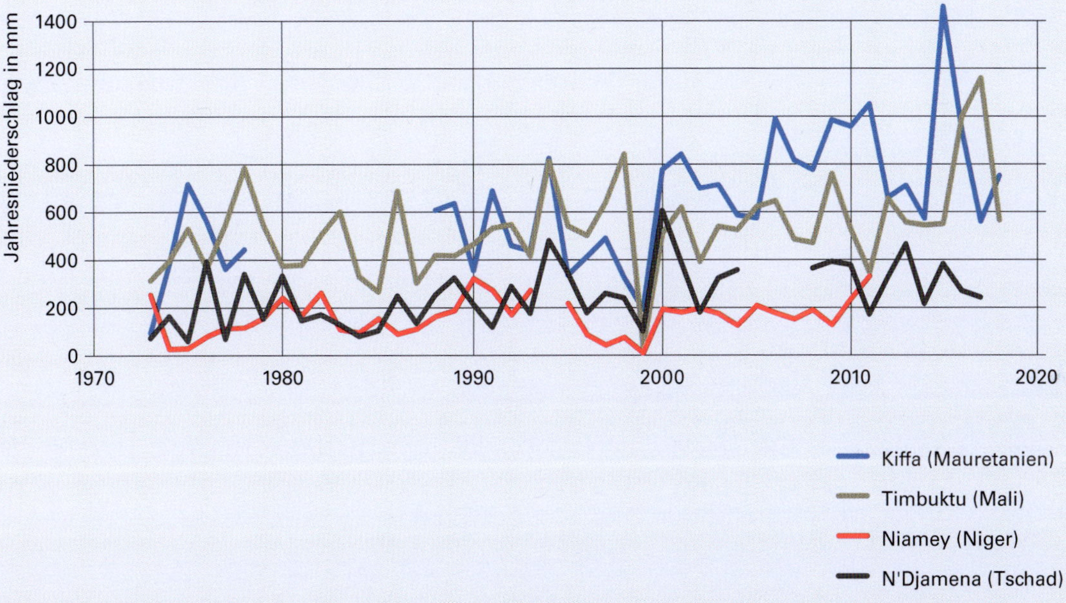

Lebensraumzerstörung in Afrika

Rastplätze, sichere Schlafplätze in Flachwasserzonen, Wasserstellen, um sich über die Beine abzukühlen, Wasser zum Trinken: Feuchtgebiete im Überwinterungsgebiet dienen dem Weißstorch in vielerlei Hinsicht. Auch in Afrika griff der Mensch jedoch massiv in das Wasserregime von Flusslandschaften ein. Immense Wassermengen wurden aus Flüssen für die Feldbewässerung abgeleitet. Infolgedessen trockneten große Feuchtgebiete aus und verlandeten. Die zahlreichen Staudämme zur Stromproduktion halten Wasser zurück und entziehen dieses den Feuchtgebieten [114, 146]. Sie reduzieren die Fließgeschwindigkeit der Flüsse, wodurch Überschwemmungen weitgehend unterbunden werden. Entsprechend lang ist die Liste der zerstörten Feuchtgebiete: Das Niger-Binnendelta, das bedeutendste Weißstorch-Überwinterungsgebiet der Westzieher, verkleinerte sich durch wasserbauliche Maßnahmen massiv. Die Überschwemmungsgebiete des Flusses Senegal trockneten fast vollständig aus. Der Tschadsee, das wichtigste Überwinterungsgebiet für Ostzieher, schrumpfte auf einen kleinen Rest. Der Fluss Logone formte früher eine riesige Überschwemmungsebene von 200 Kilometern Länge (Waza Logone), mit dem Bau eines Staudamms 1979 verwandelte sich diese Fläche in Ackerland. Und noch viele Wasserbauprojekte und weitere Staudämme sind geplant ...

Die Zunahme der Bevölkerung bei gleichzeitiger Ausdehnung der Wüste verschärft den Druck auf die Landnutzung – Übernutzung und Überweidung sind die Folge [146]. Zwar profitieren Ackerbäuer:innen direkt von den Bewässerungen und der Urbarmachung, der Erhalt der Feuchtgebiete wäre aber nicht nur für die Tier- und Pflanzenwelt von existenziellem Nutzen. Denn die Flüsse und Feuchtgebiete dienen auch als Lebensader für viele andere Nutzungen wie Fischfang, Fischzucht und Viehhaltung.

Gifteinsatz: Pestizide und Vogelgifte

Heuschreckenplagen in biblischem Ausmaß suchen Afrika immer wieder heim. Intensive Kontrollen und massiver Pestizideinsatz konnten Massenvermehrungen in den letzten Jahrzehnten jedoch meist bereits im Keim ersticken. In der Sahelzone werden Insektenvernichtungsmittel vom Boden aus und mit Flugzeugen großflächig versprüht [79, 114]. Dabei verliert der Weißstorch gleich doppelt: Einerseits führen die Insektizide zu einer starken Abnahme der Nahrungsinsekten selbst, andererseits fressen die Störche an Gift gestorbene Insekten [146]. Störche lagern diese Giftstoffe teilweise in ihrem Fett ein und können später daran sterben.

Degradation am Beispiel des Tschadsees

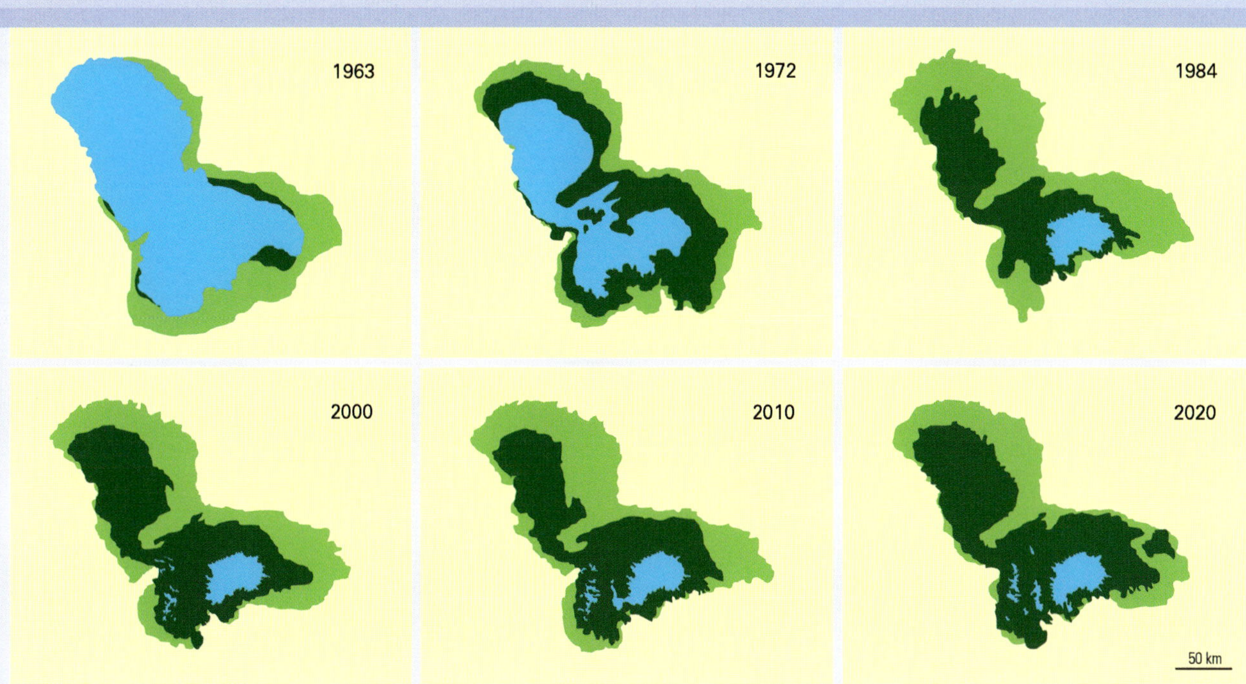

blau: offenes Wasser
dunkelgrün: Feuchtgebiete
hellgrün: Grasland

Der Tschadsee ist ein großer Binnensee im Vierländereck zwischen Niger, Nigeria, Tschad und Kamerun. Er wird von mehreren großen Flüssen gespeist, besitzt aber keinen Abfluss. Mit einer durchschnittlichen Tiefe von nur ein bis drei Metern verwundert es nicht, dass er in seiner Größe stark variiert und sich seine Uferlinie dauernd verändert. Der Tschadsee ist eines der wichtigsten Rast- und Überwinterungsgebiete der ostziehenden Weißstörche [54, 79, 114]. Die wechselnden Flachwasserzonen mit einer reichen Beutefauna bieten ihnen ideale Bedingungen auch für längere Aufenthalte.

Der Wasserstand des Tschadsees ändert sich innerhalb des Jahres, aber auch langfristig über die Jahre hinweg. Mit den Sommerniederschlägen steigt der Pegel, um dann über den Winter allmählich wieder abzusinken. Es gab Zeiten, in denen er vollständig ausgetrocknet war, wie zum Beispiel 1908. Danach vergrößerte sich seine Fläche wieder und der See erreichte 1963 ein Maximum von 25 000 Quadratkilometern. In den Dürrejahren in den 1970er- und 1980er-Jahren schrumpfte der See drastisch und der nördliche Teil verlandete. Neuere Renaturierungsprogramme und die Bildung des *Chad Basin National Parc* sind wichtige Elemente zum Schutz und zur Aufwertung der noch bestehenden Feuchtgebiete. Dadurch nahm die Fläche der Feuchtwiesen wieder zu und offene Wasserflächen vergrößerten sich leicht.

Illustration nach historischen Bildern seit 1963 von © Google Earth

In Afrika werden – gefördert durch westliche Konzerne – immer noch Pestizide eingesetzt, die in Europa längstens verboten sind. Einige Insektizide sind auch für Wirbeltiere giftig und können deshalb zum Tod von Vögeln führen.

Nicht nur Insekten, auch Vögel können in der Sahelzone große Schäden an landwirtschaftlichen Kulturen anrichten. Blutschnabelweber *(Quelea quelea)* und Goldsperlinge *(Passer luteus)* fallen in großen Schwärmen über Feldkulturen her und vernichten diese in kurzer Zeit. Deshalb werden Gifte gegen Vögel (sogenannte Avizide) mit Flugzeugen großflächig versprüht. Sie töten jedoch auch viele Vogelarten, die keinen Schaden anrichten. Beispielsweise raffen diese auch Störche dahin, wenn diese die Kadaver vergifteter Vögel fressen [146].

Jagd und Fallenfang

Ob als Fleischlieferant, wegen ihrer Federn als Kopfschmuck, zur Gewinnung traditioneller Medizin oder als reiner Sport – Weißstörche werden entlang ihrer Zugroute und in den Überwinterungsgebieten bejagt, obschon sie in den meisten der betreffenden Länder geschützt sind. So landen in Spanien, Italien und im Nahen Osten Störche immer wieder auf dem Teller. 2018 wurde ein Trupp von 18 Störchen illegal auf Malta geschossen. Aber auch in Afrika wird dem Storch mit Jagdgewehren, Pfeil und Bogen, von Hand oder mit Lockfallen nachgestellt. Dabei hatte die Organisation für Afrikanische Einheit (OAU) 1968 eine Konvention verabschiedet, die den vollständigen Schutz des Weißstorchs in Marokko, Tunesien, Senegal, Gambia, Mali, Mauretanien, Niger, Sierra Leone, Sambia, Obervolta und im Tschad festlegt. Schätzungen gehen von mehreren Tausend Abschüssen jährlich auf beiden Zugrouten aus. Störche werden bejagt, obwohl bekannt ist, dass sie Heuschrecken fressen und somit Nützlinge sind. Für einen erfolgreichen Storchenschutz wäre es nötig, vor Ort Verständnis dafür zu wecken, welch große Rolle der Weißstorch bei der Bekämpfung von Heuschrecken spielt [79, 146, 148].

Pfeilstörche

Im Mittelalter rätselte man über den Verbleib der Störche im Winter. Die Gelehrten entwickelten so manche Theorie: Die Störche verwandelten sich im Winter in andere Tierarten, sie zögen nach Süden und würden vorübergehend zu Menschen, sie tauchten in Sümpfen ab und stiegen im Frühling wieder lebendig daraus empor [89, 139]. Eine Kehrtwende in der Gelehrtenmeinung bildete der Rostocker Pfeilstorch, der 1822 in Mecklenburg geschossen wurde und den Anfang der Vogelzugsforschung markiert: Diesem Storch steckte ein 85 Zentimeter langer Pfeil aus Zentralafrika im Hals. Der Fund belegte somit seine Wanderung und seinen winterlichen Aufenthalt südlich der Sahara. Er war der erste sogenannter Pfeilstörche, der es trotz eines Jagdpfeiles im Körper geschafft hatte, wieder sein Brutgebiet in Mitteleuropa zu erreichen. In der Folge wurden in Europa noch über zwanzig weitere Pfeilstörche belegt. Mit dem Aufkommen von Schrotgewehren nahm zwar die Zahl der beobachteten Pfeilstörche vorübergehend ab, doch gerade in jüngster Zeit tauchen sie wieder vermehrt in Mitteleuropa auf. Einerseits können sich die Menschen in Afrika die Munition nicht mehr leisten, andererseits würden sie mit einem Gewehr in Schutzgebieten als Wilderer entlarvt. Deshalb greifen Vogeljäger wieder vermehrt zu Pfeil und Bogen [89].

Ein Zugvogel im Wandel

Entlang ihrer Zugroute oder im Überwinterungsgebiet in Südspanien suchen Störche gerne in dürrem Grasland nach Nahrung. Hier finden sie zahlreiche Heuschrecken, Spinnen, Schmetterlinge, Käfer usw. in der lockeren Vegetation.

Seit einigen Jahrzehnten zeigt der Weißstorch ein variables Wanderverhalten und verschiedene Zugstrategien. Viele der Langstreckenzieher, insbesondere die Westzieher, wandern heute nicht mehr oder nicht mehr so weit. Als Ursache dafür werden bessere Überwinterungsbedingungen in Europa und schlechtere in Afrika vermutet.

Geändertes Zugverhalten zum Ersten: Kurzstreckenzieher

Seit den 1970er-Jahren erscheinen westziehende Weißstörche im Frühling früher in ihren Brutgebieten. Dahinter steckt eine Veränderung im Zugverhalten: Viele Störche nehmen nicht mehr den langen Flug über die Sahara unter ihre Flügel, sondern verbleiben im Winter bereits in Marokko, Spanien oder Südfrankreich [5, 32, 38, 134, 160]. Daten besenderter Jungstörche zeigen, dass nur noch rund 16 Prozent von ihnen bis in die Sahelzone fliegen. Unter den Altvögeln ist der Anteil noch geringer [184]. Mehrere Faktoren begünstigen diese Veränderungen, besonders die zahlreichen offenen Mülldeponien in Südfrankreich, Spanien und Marokko. Diese garantieren ganzjährig ein reiches und vor allem vorhersehbares Nahrungsangebot [35, 103, 111, 123].

Günstige Winterlebensräume für den Weißstorch sind in Südfrankreich und Spanien auch durch die Förderung bewässerter Reisfelder entstanden. Aber auch lokale Veränderungen im Nahrungsvorkommen führen zu längerem Verbleiben an einem traditionellen Rastplatz. Im südspanischen Feuchtgebiet Coto de Doñana wurde 1973 mit dem Aussetzen des Roten Amerikanischen Sumpfkrebses *Procamburus clarkii* eine reiche Nahrungsquelle geschaffen [79]. Der Weißstorch profitiert zwar vom massenhaften Auftreten dieses Krebses, doch ist diese gebietsfremde Tierart (Neozoon) in Europa eine invasive Art und verdrängt als Träger der Krebspest die europäischen Krebse.

Den Vorteilen bei einer Überwinterung im Mittelmeerraum stehen die sich verschlechternden Bedingungen in der Sahelzone gegenüber. Es kommt nicht nur der gefahrvolle Zug über die Wüste hinzu, auch sonst sind die Risiken im afrikanischen Überwinterungsgebiet höher: Dürreperioden, Habitatzerstörung, Ausweitung der Wüstengebiete, Jagd, Insekten- und Vogelgifte.

Störche, die nur bis Spanien oder Marokko ziehen, haben eine höhere Überlebensrate als im Sahel überwinternde [132]. Evolutiv setzte sich diese neue Zugstrategie schnell durch. Auch hier erweist sich die Flexibilität

des Weißstorchs einmal mehr als Trumpf. Die westeuropäische Teilpopulation profitierte von dieser Verhaltensänderung, ihre Bestände stiegen stark an [153].

Auch entlang der Ostroute treten neuerdings ähnliche Veränderungen im Zugverhalten auf. Störche überwintern bereits in Israel auf Müllhalden, wobei insbesondere die großen offenen Deponien bei Tel Aviv viele Störche anziehen.

Vor- und Nachteile offener Mülldeponien

Selektionsvorteil Mülldeponie? Seit der verstärkten Nutzung von Mülldeponien nimmt der Bestand der Westzieher markant zu. Die Vorteile überwiegen die Nachteile.

Auf ihrem Zug nutzen Weißstörche Mülldeponien oft als Rastplatz oder sie überwintern deswegen sogar beispielsweise in Südfrankreich, Spanien oder Marokko. Offene Mülldeponien und das Überwintern im Mittelmeerraum bringen einige Vorteile mit sich, haben aber auch Nachteile [35, 111, 123, 160, 162].

Vorteile:

- Offene Mülldeponien bieten ein gleichmäßiges und sicheres Nahrungsvorkommen. Demgegenüber steht das variable Nahrungsangebot in der Sahelzone, welches von Regenfällen und vom Massenauftreten von Insekten abhängig ist.
- Eine kürzere Zugroute spart Energie und der risikoreiche Flug über die Wüste entfällt. Die Zugstrecke bis in die Sahelzone beträgt für mitteleuropäische Brutvögel um die 3000 Kilometer, bei einer Überwinterung in Spanien sinkt die Zugdistanz auf weniger als 1000 Kilometer.
- Die Nahrungsflüge sind kürzer und erfolgen lediglich zwischen Schlafplatz und Deponie. Ein Nomadisieren und weites Herumfliegen auf der Suche nach guten Nahrungsplätzen wie in der Sahelzone entfällt.
- Kürzere Zugwege bedeuten auch eine frühere Ankunft in den Brutgebieten, eine frühere Horstbesetzung und somit einen früheren Legebeginn. Dies wiederum ermöglicht ein früheres Ausfliegen der Nestlinge und damit eine höhere Überlebensrate im ersten Lebensjahr.
- Durch früheres Brüten und Ausfliegen sind die Jungvögel auf ihrem ersten Herbstzug älter, schwerer und erfahrener.

Nachteile:

- Die Nahrung auf Mülldeponien ist wenig ausgewogen (vor allem Essensreste).
- Auf Mülldeponien sind Speisereste vermischt mit chemischen Produkten, Batterien und anderen giftigen Abfällen. Störche können mit der Nahrung giftige Stoffe aufnehmen, die zum Tod führen.
- Durch das Fressen von Plastikmüll oder durch Verheddern im Abfall besteht Verletzungsgefahr, bisweilen endet dies tödlich.
- Durch die Aufnahme anthropogener Nahrung gelangen Krankheitserreger von Menschen oder Haustieren auf die Weißstörche. Durch die Ansammlung vieler Vögel steigt das Risiko der Übertragung von Krankheiten.

Geändertes Zugverhalten zum Zweiten: Nichtzieher

Weshalb überhaupt wegziehen, wenn man den Winter gleich in der Brutregion verbringen kann? Dieses Verhalten setzte sich besonders bei den Brutvögeln der Iberischen Halbinsel durch: Über 90 Prozent der Altvögel ziehen nicht mehr und überwintern mittlerweile in Spanien oder Portugal [61, 69, 160]. Auch in der Schweiz und in Süddeutschland zeichnet sich jüngst ein ähnliches Bild ab. Ein beachtlicher Teil der mitteleuropäischen Störche zieht nicht mehr und streift höchstens kleinräumig umher. Im Winter 2021/2022 wurden im Januar beispielsweise 733 Weißstörche in der Schweiz gezählt [153], was knapp der Hälfte der Brutpopulation entspricht. In der Region um Altreu verbringen etwa 20 Weißstörche den Winter, wobei es sich sowohl um Altreuer Brutvögel als auch um süddeutsche Individuen handelt.

Ganz neu ist dieses Phänomen nicht. Schon M. Bloesch und U.N. Glutz von Blotzheim schilderten Einzelfälle in der Schweiz überwinternder Weißstörche [59, 60]. Neu ist aber, dass sich Nichtzieher immer mehr in der Population durchsetzen.

Der Storch ist wenig kälteempfindlich und übersteht längere Schnee- und Kältephasen meist problemlos. Bei Schneebedeckung und Temperaturen unter null Grad ist die Nahrung schwer erreichbar und Störche können mehrere Tage fasten [107]. Sie reduzieren während längerer Kaltwetterphasen die Energie für Bewegung, indem sie einfach auf ihrem Nest, in Flachwasserzonen oder an einem anderen Ort ausharren.

Es ist ein erklärtes Ziel von Storch Schweiz und anderen Schutzorganisationen, die Weißstörche nicht von menschlicher Betreuung abhängig zu machen. Keinesfalls sollen deshalb Störche bei uns im Winter gefüttert werden.

Usbekistan: Der Einfluss von Fischzuchtanlagen

Der Weißstorch in Usbekistan zeigt, welchen Einfluss ein geändertes Nahrungsangebot im Winter haben kann. Früher führte die dort lebende Unterart *Ciconia ciconia asiatica* jährliche Wanderungen durch und zog Richtung Süden nach Pakistan und Afghanistan. Seit dem Bau großer Fischzuchtanlagen in Usbekistan ziehen die Störche dieser kleinen Population nicht mehr. Sie finden dort das ganze Jahr über genügend Nahrung und trotzen dem kalten Winter in Usbekistan. Sie wurden so zu Standvögeln, die nicht mehr ziehen [54, 83].

Südafrika

Die Ostzieher wandern zum Teil bis Südafrika. Einzelne Weißstörche überwinterten dort nicht nur, sondern verblieben auch für die Brutzeit in Südafrika. Eine Brutpopulation im Distrikt Bredasdorp bestand über mehrere Jahre. Mehr als hundert Nestlinge wurden dort flügge. Mit in Gefangenschaft aufgezogenen Nestlingen versuchte man, im Tygerberg Zoo nahe Kapstadt Weißstörche einzubürgern. Diese Population musste jedoch zugefüttert werden und verschwand 2012 mit der Schließung des Zoos wieder [71, 102].

Im Gegensatz zu den brütenden Altvögeln, die ganzjährig in Südafrika verblieben, zogen die ausgeflogenen Jungvögel mit den Ostziehern nordwärts.

Weißstörche sind sehr kälteresistent. Ist der Boden gefroren oder durch eine Schneeschicht bedeckt, so können sie problemlos mehrere Tage fasten [107]. Sie sparen Energie, indem sie einfach auf ihrem Nest ausharren.

9| Nähe zum Menschen – Fluch oder Segen?

Der Weißstorch näherte sich immer mehr dem Menschen an, mit der Wahl seiner Nist- und Schlafplätze auf Häusern oder mit der Wahl anthropogen geprägter Nahrungsgebiete im Gras- und Kulturland. Im heutigen intensiv bewirtschafteten Ackerland ist der Weißstorch abhängig von den feldbearbeitenden Tätigkeiten der Landwirt:innen. Seit wenigen Jahrzehnten nutzt der Weißstorch nun sogar offene Mülldeponien, plündert Abfalleimer und frisst zurückgelassene Speisereste an öffentlichen Picknickplätzen.

Todesursachen

Nestlinge fressen alles, was ihnen ihre Eltern bringen – auch Plastik und anderen Müll.

Der neue Lebensraum in allernächster Nähe zu häuslichen Siedlungen und die Abhängigkeit vom Menschen bringt für den Weißstorch nicht nur Vor-, sondern auch Nachteile: Kollisionen und Tod an Freileitungen, Strommasten oder Windkraftanlagen, Gefahren durch den Verkehr, Aufnahme von ungünstigem anthropogenem Futter, Plastikmüll, Vergiftungen und schwankendes Futterangebot je nach landwirtschaftlicher Aktivität [52, 123, 172].

Flügge Jungstörche bezahlen die enge Bindung zum Menschen mit hohen anthropogen bedingten Todesursachen: 85 Prozent der Verluste sind indirekt durch den Menschen verursacht. Lediglich 15 Prozent der Jungstörche sterben in den ersten Tagen und Wochen nach dem Ausfliegen aufgrund eines natürlichen Todes.

Feinde

Feind Nr. 1 ist unbestritten der Mensch. Aufgrund seiner Größe besitzt der Weißstorch sonst wenige natürliche Feinde. Kleine Nestlinge werden rundum von den Altvögeln bewacht. Später sind sie zu groß, um Feinden zum Opfer zu fallen.

Im Brutgebiet können Luftfeinde wie Seeadler, Steinadler, Habicht oder Uhu Störche attackieren [37]. Weißstörche reagieren auf diese Feinde mit Abwehrklappern, bisweilen hassen sie auf diese. Entlang der Zugroute zählen noch Habichtsadler und Kaiseradler zu den Feinden des Weißstorchs, im Überwinterungsgebiet Kampfadler und Kaiseradler sowie am Boden Schakal und Hyäne [79].

Unter den Säugetieren jagen Rotfüchse bisweilen Störche am Boden und bekommen vor allem frisch ausgeflogene Jungstörche zu fassen. Marder und Katzen profitieren von abgeworfenen Nestlingen, die sie als «Gesundheitspolizei» schnell zusammenlesen.

Ausbleibende Landwirtschaft nach Reaktorunfall Tschernobyl

Die Abhängigkeit des Weißstorchs vom Menschen zeigte sich auch in der Region von Tschernobyl nach dem Reaktorunfall. Nach der großräumigen Entsiedelung blieb auch die landwirtschaftliche Nutzung aus. Die Vegetation im ehemaligen Kulturland schoss durch Sukzession schnell in die Höhe. Irina Samusenko dokumentierte 2014 in der Folge beim Weißstorch einen starken Bestandsrückgang um Tschernobyl [140].

Krankheiten und Parasiten

Parasiten, Pilzinfektionen, bakterielle oder virale Krankheiten können direkt zum Tod führen oder ein Individuum derart schwächen, dass es aufgrund weiterer Anstrengungen stirbt. Groß ist die Zahl möglicher Parasiten, denen Weißstörche insbesondere auch im Überwinterungsgebiet ausgesetzt sind: Saugwürmer, Bandwürmer, Rundwürmer und Kokzidien im Magen-Darm-Trakt sowie Luftröhrenwürmer in den Atemwegen. Daneben haben Störche wie andere Vögel Ektoparasiten im Gefieder, beispielsweise Krätzmilben, blutsaugende Federlinge und Zweiflügler [142, 172].

Nach wie vor erzielt der Weißstorch seine höchsten Bruterfolge in naturnahen Flusslandschaften, auch wenn er als Kulturfolger heute in Mitteleuropa im intensiv genutzten Landwirtschaftsland vorkommt.

Tod durch Stromschlag und Kollision mit Freileitungen

Einen traurigen Fund machten Mitarbeitende im Projekt «SOS Storch», als sie in Spanien entlang einer Zugroute Dutzende toter Störche unter einer Stromleitung fanden. Schlecht konstruierte Strommasten mit ungenügend langer Isolation wurden zur Todesfalle und die Störche erlitten einen Stromschlag [153, 189]. Auch in Mitteleuropa führten ähnlich mangelhaft konstruierte Strommasten zu zahlreichen Stromopfern bei Großvögeln [65].

Die Kollision mit Freileitungen [37, 52, 79] ist eine häufige Todesursache, bisweilen kommt es auch zu einer Kollision mit Windkraftanlagen oder Fahrzeugen. Besonders unerfahrene Jungstörche verunglücken häufig an Stromleitungen, wogegen ältere Störche solche Hindernisse besser erkennen.

Eine weitere Todesursache unter Altstörchen ist selbst verschuldet: Bei Horstkämpfen ziehen sich Störche nicht selten blutige Verletzungen zu, die sogar tödlich sein können. Der Schnabel des Storchs ist ein gefährlicher Dolch, den er gezielt im Beschädigungskampf gegen Rivalen einsetzt. Hier zeigt der Angreifende eine Verletzung unter dem Flügelansatz, die er sich bei einem früheren Angriff zugezogen hatte.

Übersehene Gefahr: Häufig verunglücken Weißstörche und andere Großvögel an Freileitungen oder erleiden einen Stromschlag an mangelhaft konstruierten Strommasten.

Plastikmüll

Mit vollem Kropf kehrt der Altstorch zu seinem Nest und seinen Jungen zurück. Seine beiden schon etwas älteren Nestlinge betteln sogleich um Futter. Der Altvogel würgt den Kropfinhalt in die Nestmitte hervor. Doch kein einziger Regenwurm, kein Insekt, keine Maus landen in der Nestmitte, sondern lediglich Gummiringe und Plastikstücke. Umgehend stürzen sich die beiden Jungen auf die hergebrachte «Nahrung» und verschlingen sie eiligst.

Zahlreich und bekannt sind Funde toter Albatrosse mit Mägen voller Plastikmüll [135 ,136]. Allbekannt sind auch Bilder von Seevögeln, die sich in treibenden Resten von Fischernetzen verfangen haben und starben. Wenn Albatrosse oder Basstölpel Teile von Fischernetzen oder Plastikstricke als Nistmaterial verwenden, verheddern sich die Jungen leicht darin und sterben [41].

Doch Plastikmüll ist nicht nur ein Problem bei Seevögeln. Auch Störche nehmen Plastik- und Gummiteile mit ihrer Nahrung auf. So fand man Dichtungen, Schnüre, Gummibänder und scharfkantige Plastikteile in den Mägen vieler obduzierter Störche [79, 121, 172]. Ebenso erschreckend ist die Tatsache, dass Störche Plastik- und Gummiteile ans Nest bringen und an ihre Jungen verfüttern. Diese verschlingen alles, was die Eltern bringen, Plastik inklusive.

Mit seinem breiten Beutespektrum ist der Weißstorch ein Generalist, und wenn ihm etwas in Größe und Konsistenz entspricht, frisst er es. Er unterscheidet dabei nicht zwischen einem Regenwurm und einem «Gummiwurm». Folien, Karton, Keramik-, Plastik- und Gummiteile interpretiert er als Beutetiere und nimmt sie als vermeintliche Nahrung auf. Vorlieben haben Störche für auffällig gefärbte Teile (rot oder gelb) und für bewegliche Schnüre und Dichtungsringe (dunkel, grau bis schwarz), welche sie auf die gleiche Weise wie Regenwürmer verschlingen.

Plastik und Gummi im Magen haben bei Tieren fatale Auswirkungen: Gewebeveränderungen der Magen- und Darmwand, Verletzungen der Magenschleimhäute durch scharfkantige Gegenstände, Überfüllung und Verhungern trotz «vollem» Magen, Blockieren des Magenausgangs, Lethargie, Schwäche, Anfälligkeit gegenüber Parasiten, Vergiftungen durch toxische Chemikalien aus Plastik, Krankheit und Tod [41, 111, 121, 132].

Es bleibt jedoch nicht die ganze Menge des aufgenommenen Plastiks im Magen eines Storchs. Die Belastung hängt davon ab, ob ein Individuum aufgenommene Plastikbestandteile wieder mit anderen unverdaulichen Nahrungsbestandteilen herauswürgt oder ob es zu einer Anreicherung kommt. So wurde beispielsweise ein geschwächter Storch aufgegriffen, der 471 Gramm Gummidichtungen im Magen hatte [79]. Andere Störche starben mit Mägen prall gefüllt mit Gummibändern aus der Gemüseproduktion.

Woher kommt der Müll?

Unsere Umwelt wird zunehmend vermüllt. Wer mit wachem Auge durch den Lebensraum des Weißstorchs spaziert, findet auch bei uns viel Plastik, Garne und Folien. Drei Hauptquellen sind hierfür verantwortlich:

- Landwirtschaft: In Regionen mit Gemüseanbau werden zum Teil nicht verkaufte und gebündelte Radieschen, Spargeln und so weiter als Gründünger auf den Feldern ausgebracht – teilweise ohne vorher die Gummibänder zu entfernen [85]. In der Landwirtschaft werden auch sehr viele Folien verwendet. Auch bei sorgfältigem Einsammeln bleiben Reste davon auf den Äckern zurück. Abhilfe schaffen die vielerorts verwendeten biologisch abbaubaren Mulchfolien.
- Falschentsorgung von Gartenabfällen und Kompost: Schnüre zum Bündeln von Ästen, Scherben von Blumentöpfen, Pflanzengarne, Keramiksplitter, Drähte, Folien und Ähnliches landen im Grünabfall. Nach Aufbereitung in Gemeindebetrieben wird dann der fertige Kompost den Landwirt:innen zum Verteilen auf den Feldern abgegeben. Der beigemischte Müll wird jedoch nicht aussortiert und verbleibt im Kompost. Durch diese Falschentsorgung rechnet eine Studie in der Schweiz mit 50 Tonnen Plastik, der jährlich wieder auf den Feldern verteilt wird. Das sind rund 120 Gramm pro Hektar Ackerfläche [47]!
- Littering: Die Lebensräume der Weißstörche in Gewässernähe sind bevorzugte Naherholungsgebiete. Gerne werden in der schönen Natur Partys gefeiert, Bier und Esswaren werden angeschleppt, zurück bleiben Aludosen und Chips-Verpackungen. Informationskampagnen mit Plakaten und das Aufstellen großer Mülltonnen zeigen zwar gute Wirkung, doch wird nicht der gesamte Abfall korrekt entsorgt. Stellt sich Wind ein, so wird loser Müll in der Gegend verteilt. Auch Spaziergänger:innen hinterlassen einige Spuren, vielfach ohne Absicht: Riegelverpackungen, Taschentücher, PET-Flaschen und vieles mehr.

Viele Storchennester enthalten keinen oder nur wenig Müll als Nistmaterial. Die Vorliebe für Plastik, Karton und Schnüre als Nistmaterial ist aber sehr individuell und einzelne Altstörche bringen regelmäßig Müll zum Nest.

Störche sammeln nicht nur Äste, Zweige, Gras, Moos und Laub für ihre Nester, sondern auch Plastikfolien, Karton und Schnüre [37, 72, 132, 179]. Viele Nester sind frei von solchem Material, doch spezialisieren sich einzelne Individuen auf Müll als Nistmaterial. Dann sind die Nestlinge manchmal inmitten der Plastikfolien kaum auszumachen [97].

Die größte Gefahr stellen Garne, Schnüre und Bänder dar. Die Nestlinge verheddern sich mit ihren Beinen darin und nur selten gelingt es ihnen, sich wieder davon zu befreien. Im Gegenteil, die Schnüre ziehen sich immer enger und binden letztlich die Gliedmaße ab – ein sicheres Todesurteil [132].

Besonders in regenreichen Gebieten können Plastikfolien und Karton den Abfluss von Regen im Horstboden verhindern, die Jungen werden durchnässt und sterben an Unterkühlung.

Müll als Nistmaterial

Störche bringen Müll als Nistmaterial zu ihrem Nest, wobei Plastikfolien dominieren. Zudem werden Stoffe, Karton, Papier, kleine Hartplastikteile und Schnüre eingebracht.

nach unveröffentlichten Daten von L. Heer: 15 Nester aus Dänemark [208], Polen [201, 202], Schweiz [194, 199], Spanien [209], Ungarn [206]

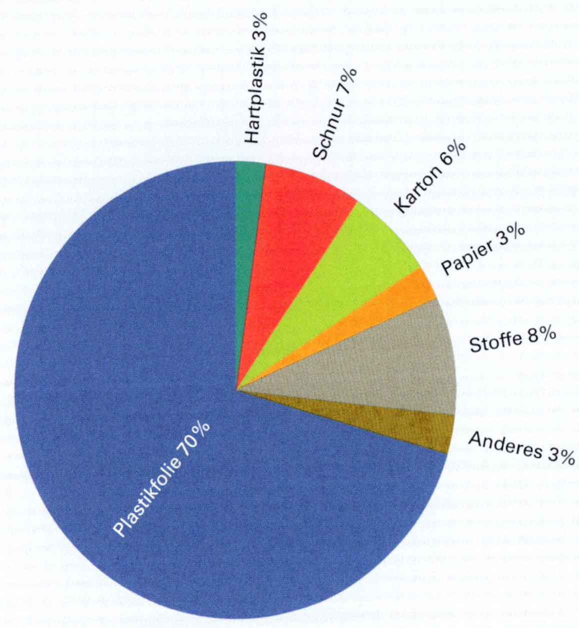

Wie lange verbleibt Müll im Nest?

Plastik, Stoffe, Hartplastik, Papier und Karton verbleiben meist nur kurze Zeit im Nest. Sie werden wieder aus dem Nest geweht, verwittern an der Sonne oder werden mit neuem Nistmaterial überdeckt. Anders sieht es bei Schnüren aus (rot). Die Halbwertszeit liegt bei 17 Tagen, selbst nach einem Monat können einmal eingebrachte Schnüre noch im Nest vorhanden sein – eine latente Gefahr für die Jungstörche.

nach unveröffentlichten Daten von L. Heer: 8 Nester in Dänemark [208], Polen [201, 202], Schweiz [194, 199], Spanien [209], Ungarn [206]

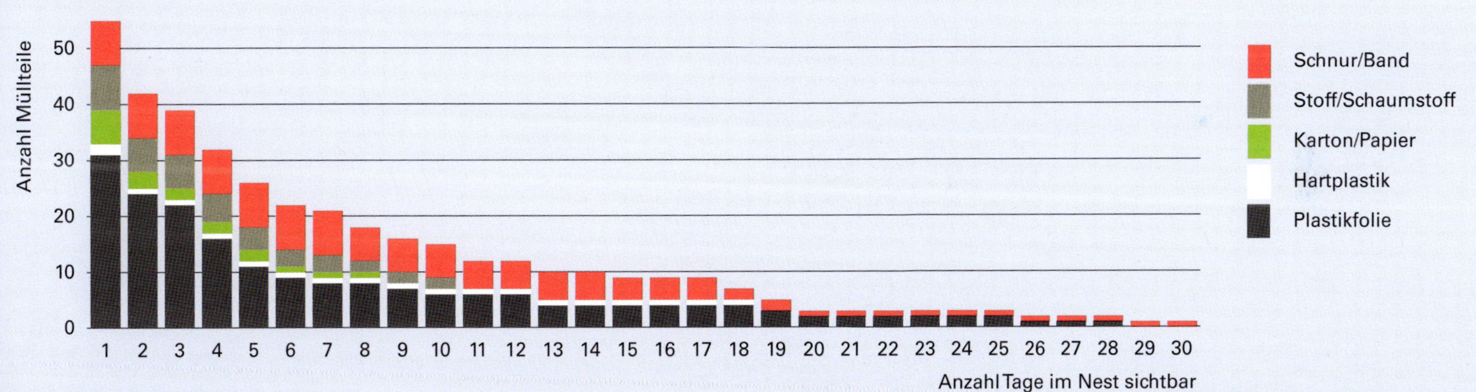

10| Die Zukunft des Weißstorchs

Die Bestände der westziehenden Weißstörche nehmen weiterhin zu und stimmen optimistisch. Renaturierungsprojekte von Gewässern geben teilweise verschwundene Lebensräume an die Natur zurück. Ökologischer Ausgleich in der Landwirtschaft lässt spätere Mahd, vernässte Ackerstellen, Brachen und Ackerrandstreifen wieder zu. Nach wie vor sind viele offene Mülldeponien in Spanien und Marokko in Betrieb und bieten einen reich gedeckten Tisch. Doch in der nahen und fernen Zukunft wird sich für den Weißstorch einiges ändern. Es wird sich zeigen, in welche Richtung sich die Bestände in West- und Osteuropa bewegen werden.

Landschafts- und Klimawandel

Die noch bestehenden natürlichen Lebensräume des Weißstorchs müssen zwingend erhalten bleiben, auch wenn der Storch als Kulturfolger heute ebenso andere Habitate besiedelt.

In Überschwemmungslandschaften ist der Weißstorch bei der Nahrungssuche unabhängig von Wettereinflüssen. Würmer, Blutegel, Wasserschnecken und Fische sind bei ablaufendem Wasser an verbleibenden Nassstellen während der ganzen Brutzeit leicht zugänglich. Große Trockenphasen, wie sie vermehrt aufgrund des Klimawandels in der zweiten Hälfte der Nestlingszeit im Juni und Juli auftreten, verändern diesen ursprünglichen Lebensraum kaum. Es gibt auch bei Trockenheit und Hitze genügend Nahrung in diesem an sich feuchten Habitat.

Anders sieht das im heutigen Gras- und Ackerland aus [104]. Eine längere Trockenphase lässt die Nahrung des Weißstorchs größtenteils versiegen: Die Regenwürmer verkriechen sich in tiefere Bodenschichten. Die Bodenoberfläche ist beinhart, sodass nur Beutetiere von der Oberfläche oder Vegetation abgelesen werden können. Verbleibende Feuchtstellen, in denen der Weißstorch auch bei längeren Trockenphasen Beutetiere sammeln kann, fehlen in Mitteleuropa weitgehend. Mit dem Klimawandel werden die Sommer trockener und die Hitzephasen länger. In Kombination mit der Verarmung der Landschaft und dem Fehlen von Lebensräumen, die Wasser speichern können, muss der Weißstorch auf weniger effiziente Nahrung ausweichen, wie kleinste Käfer und Spinnen. Auch wenn die Störche bei uns erfolgreich brüten, fehlen Daten, wie sich mangelnde Ernährung in der zweiten Hälfte der Nestlingszeit auf die Fitness der Jungvögel bis zum nächsten Frühling auswirkt.

Fitness der Jungstörche

Mangelernährung und einseitige Kost mit Regenwürmern hinterlassen bei den Jungvögeln Spuren. Ein Großteil der Jungstörche in Altreu zeigen Hungerstreifen auf ihren Flügelfedern, ein klares Zeichen für Nahrungsstress und Mangelernährung [48].

Hungerstreifen

Bei diesem Jungstorch fallen die drei bis fünf Hungerstreifen pro Feder auf. Diese etwa einen Millimeter breiten Querstreifen entstehen, wenn während des Federwachstums die Ablagerung von Keratin gestört wird. Hungerstreifen bei Nestlingen weisen auf eine mangelnde Ernährung hin.

Rachitis

In seltenen Fällen tritt bei Jungstörchen Rachitis auf. Diese Krankheit wird durch einen Vitamin-Mangel ausgelöst und führt zu einer Störung des Knochenstoffwechsels. Bei diesem Jungvogel sind die Intertarsalgelenke verdickt und am Tarsus bildete sich eine Knochendeformation. Der Jungvogel hat Mühe, auf seinen Beinen zu stehen. Typisch für Rachitis bei Vögeln ist das gespreizte Stehen.

Schwierige Zukunft?

Die positive Nachricht zuerst: Der globale Bestand des Weißstorchs nimmt zu, auch wenn osteuropäische Populationen abnehmen oder auf unverändertem Niveau bleiben. Die Gesamtpopulation wird auf über 700 000 Individuen geschätzt, wobei die Brutpopulation etwa 250 000 Paare zählen dürfte [87]. In den Roten Listen der Schweiz und Deutschlands aus dem Jahr 2021 wurde der Weißstorch in seiner Gefährdung zurückgestuft, in der internationalen Roten Liste des IUCN wird die Art gar als nicht gefährdet *(least concern)* eingeordnet. Bei diesen positiven Veränderungen dürfen wir nicht vergessen, dass der Weißstorch nur dank intensiver Förderprogramme wieder zahlenstark in Mitteleuropa brütet.

Es gibt aber auch schlechte Nachrichten. In den letzten 200 Jahren hat sich der Lebensraum des Weißstorchs in Europa stark verändert. Die großen Überschwemmungslandschaften der Flussniederungen sind intensiv genutzten Agrarlandschaften gewichen. Die Abwertung und Zerstörung der ursprünglichen Lebensräume des Weißstorchs vollzog sich in mehreren Schritten:

- Im ersten Schritt gegen Ende des 19. Jahrhunderts und zu Beginn des 20. Jahrhunderts verwandelte die Urbarmachung und Entwässerung von Sumpfgebieten durch Gewässerkorrektionen, Flussbegradigungen und Trockenlegungen die ursprüngliche Überschwemmungsvegetation in extensiv genutztes Kulturland.
- In einem zweiten Schritt in der zweiten Hälfte des 20. Jahrhunderts (und somit nach der Wiederbesiedlung des Storchs in der Schweiz) vollzog sich eine starke Intensivierung der bestehenden Landwirtschaftsflächen. Großflächige Meliorationen, verstärkte Mechanisierung der Feldbearbeitung, höherer Düngereintrag und die Zunahme an Pestiziden verwandelten extensiv in intensiv genutztes Ackerland. Kleinstrukturen wurden ausgeräumt, die Landschaft verarmte an Kleinstlebensräumen, unterschiedliche Feuchtegrade des Bodens verschwanden größtenteils.

- In einem dritten Schritt nahm das Dauergrünland zugunsten von Ackerland kontinuierlich ab, der Weißstorch bevorzugt aber Grasland.
- In einem vierten Schritt wird das Dauergrünland intensiver genutzt. Wurde um 1950 Grasland nur ein- bis zweimal jährlich mit dem Balkenmäher geschnitten, so wird dieses heute mit dem Kreiselmäher bis zu sechs Mal pro Jahr gemäht. Das nachwachsende Gras ist deutlich insektenärmer als der jährliche Erstwuchs, sodass es immer früher weniger Insekten für die Störche gibt.

Mit der Intensivierung der Landwirtschaft verarmte auch die Biodiversität und damit die Nahrung des Weißstorchs. Massenauftreten von Mäusen im Landwirtschaftsland bleiben aus, die Lauerjagd auf Nagetiere zahlt sich für den Weißstorch nicht mehr aus. Gesunde Amphibienpopulationen schrumpften zusammen mit den Feuchtgebieten der ehemaligen Überschwemmungsflächen – und damit versiegte auch diese Beutequelle. Schlangen und Eidechsen sind mit den Kleinstrukturen verschwunden, nur noch selten wird eine Blindschleiche den Storchennestlingen verfüttert. Und wie sieht es mit den Großinsekten aus? Große Heuschrecken, Laufkäfer, Schmetterlinge und Falter sind selten geworden. In Wiesen nahm die Insekten-Biomasse um zwei Drittel ab [175]. Übrig geblieben sind kleine und kleinste Gliederfüßer, die aber oft kaum größer als fünf Millimeter sind: Buntkäfer, Fliegen, Ameisen und kleine Spinnen. Emsig sammeln Weißstörche diese Notnahrung auf vegetationsarmen Flächen, zwar in hoher Rate, doch dauert es lange, bis die aufgepickte Menge den Nährwert einer Maus aufwiegt.

In jüngerer Zeit führen ökologische Ausgleichsmaßnahmen wieder zu mehr Biodiversität im Kulturland und Gewässer werden renaturiert. Dennoch ersetzen diese Maßnahmen in keiner Weise die ursprünglichen Lebensräume des Weißstorchs mit seinem einst üppigen und abwechslungsreichen Nahrungsangebot. Diese können auch durch ökologische Maßnahmen und Renaturierungen nicht zurückgeholt werden.

Witischutzzone in der Aareebene

Das Storchendorf Altreu liegt inmitten der Aarelandschaft zwischen Grenchen und Solothurn. Die sogenannte Witi steht im Spannungsfeld zwischen landwirtschaftlicher Produktion und Natur. Einerseits zählt sie zu den produktivsten Flächen des Schweizer Mittellandes, in denen Nahrungsmittel wie Weizen, Gerste, Urdinkel, Raps, Kartoffel, Mais und Zuckerrübe produziert werden. Andererseits ist sie durch ihre offene Landschaft ein idealer und zeitweise vernässter Lebensraum für viele gefährdete Pflanzen- und Tierarten. Genau diese gegensätzlichen Ansprüche vereint die Witischutzzone: Die offene Ackerlandschaft wird erhalten und bestehende Naturelemente mit Arten- und Biotopschutzmaßnahmen aufgewertet oder neue angelegt. Im Rahmen des *Mehrjahresprogramms Natur und Landschaft des Kantons Solothurn* wurde Ackerland wieder in Wiesen umgewandelt und mit artenreichem Saatgut angesät. Kuckuckslichtnelke, Klatschmohn, Kornrade, Büschelblume und Karden sind in diesen Wiesen wieder auffällige Arten. Diese Rückführungswiesen und Randstreifen säumen oft Bäche, Hecken und Hochstamm-Obstgärten und verbinden verschiedene Naturelemente. Viele Insektenarten, der Feldhase und verschiedene am Boden brütende Vögel profitieren direkt von den spät geschnittenen Wiesen. Die Landwirt:innen werden hierfür im Rahmen des ökologischen Ausgleichs finanziell unterstützt [104]. Mit dem *Aktionsprogramm Riedförderung Grenchner Witi 2011–2015* wurden flutbare Wiesen und somit Elemente der ursprünglichen Landschaft geschaffen. Auch in umliegenden Feldern bleibt Wasser zeitweise stehen, wovon viele ziehende Watvögel, aber auch Weißstörche profitieren.

Bruterfolg in der Schweiz

Kurz vor dem Aussterben des Weißstorchs fiel der Bruterfolg auf unter zwei ausgeflogene Nestlinge pro Paar (rote Linie). Auch in den letzten Jahrzehnten sank der Bruterfolg kontinuierlich (graue Linie), dennoch nahm der Bestand zu. Grund hierfür ist das geänderte Zugverhalten und damit verbunden die höhere Überlebensrate im Winterhalbjahr und die geringere Sterblichkeit der Jungstörche.

nach Daten in Bloesch 1933–1950 [22], Bloesch 1980 [24], Moritzi et al. 2001 [113], Bulletin Storch Schweiz 35–52 [153]

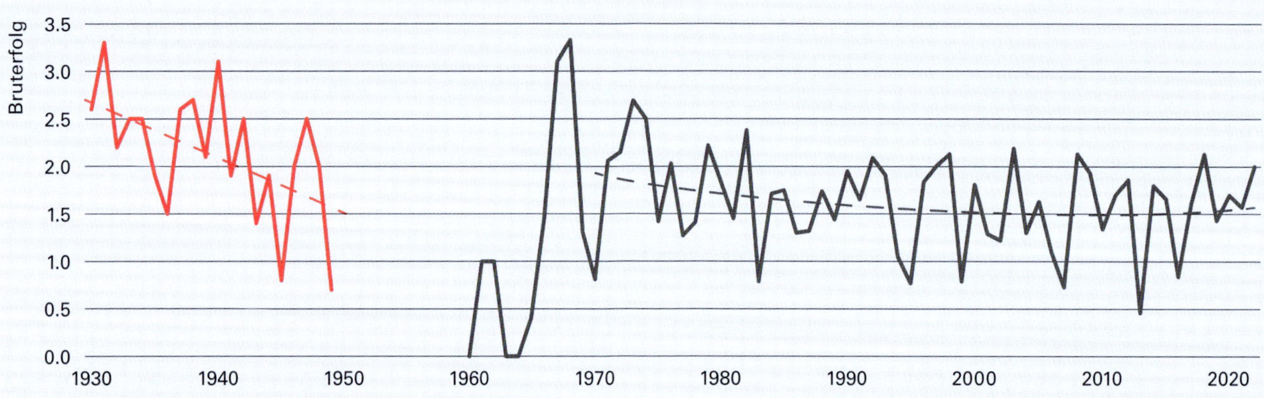

Ein Bruterfolg von durchschnittlich mehr als zwei Jungvögeln pro Paar wird als bestandserhaltend betrachtet. Häufig liegt dieser Wert in der Schweiz aber tiefer. Aufgrund des geänderten Zugverhaltens mit einer geringeren Wintersterblichkeit nehmen die Bestände dennoch zu.

Schließen der Mülldeponien

Die westziehende Population der Weißstörche profitiert von der Nutzung offener Mülldeponien. Die günstigen ökologischen Bedingungen führten zu einem markanten Bestandsanstieg seit den 1990er-Jahren [162]. Wie es mit den offenen Mülldeponien weitergeht, steht jedoch auf der Kippe. Gemäß der EU-Richtlinie 1999/31/EG hätten die offenen Mülldeponien den Anteil organischer Abfälle bis 2016 drastisch reduzieren müssen. Dieser Fahrplan wurde nicht eingehalten, dennoch haben die ersten Mülldeponien in Spanien ihre Tore geschlossen oder der Müll wird nicht mehr offen abgeladen, sondern quaderweise in Folie gewickelt und gestapelt. So verschlechtern sich die Bedingungen für die von den Deponien abhängigen Störche. Vor 20 Jahren fanden die Störche auf Mülldeponien noch paradiesische Verhältnisse vor mit Nahrungsresten in Hülle und Fülle. Heute dagegen reicht das anthropogene Angebot vielfach nicht mehr für die dort vorkommenden Störche und anderen Vögel aus. Dadurch kommt es vermehrt zu Aggressionen unter den Vögeln.

Auswirkungen des Klimawandels

Die Klimaveränderungen werden auch am Weißstorch nicht spurlos vorbeigehen. Welche Auswirkungen diese aber tatsächlich auf die Bestände des Weißstorchs haben werden, wird sich erst in den nächsten Jahrzehnten zeigen. Der Weißstorch ist eine sehr anpassungsfähige Art und reagiert sofort auf Veränderungen in seiner Umwelt. Größere Klima- und Lebensraumveränderungen können sein Areal eingrenzen oder sein Nahrungsvorkommen weiter reduzieren. Theoretisch können sich folgende Szenarien abspielen:

- Als Vogel der Flussniederungen bewohnt der Weißstorch seit jeher tief gelegene Regionen. Mit der Erderwärmung und der Verschiebung der Höhenstufen nach oben kann sich auch die obere Brutgrenze nach oben verschieben. So zeigt der Weißstorch keine Begrenzung allein aufgrund der Meereshöhe und brütet beispielsweise in Marokko bis auf 2500 m ü. M., in Spanien in der Sierra de Gredos bis auf 1350 m ü. M. Auch in der ostziehenden Population gibt es höher gelegene Brutvorkommen, wie zum Beispiel in der Tatra auf 1000 m ü. M.

- Eine weitere Antwort auf wärmere und schneeärmere Winter ist die Zunahme von Weißstörchen, die nicht wegziehen und auch den Winter in Mitteleuropa verbringen. So wurden beispielsweise im Januar 2022 in der Schweiz 733 überwinternde Störche gezählt, was knapp der Hälfte des Bestandes an Brutstörchen entspricht [153]. Das Verbleiben im Brutgebiet birgt aber die Gefahr, dass Weißstörche in einem sehr kalten und lange dauernden Winter nördlich der Alpen gefangen sind. Ein solcher Winter könnte die nichtziehende Population stark reduzieren.
- Die Klimaveränderung brachte in Mitteleuropa im April und Mai atlantischeres Westwindwetter mit häufigem Regen und unbeständigem Wetter. Dies wirkt sich teilweise direkt auf den Bruterfolg der Schweizer Weißstörche aus, wie beispielsweise im Mai 2013 und 2016, als ein Großteil der Nestlinge in ihrer kritischsten Entwicklungsphase an Durchnässung und Unterkühlung starben.
- Im Gegensatz dazu werden die Monate Juni und Juli zunehmend heißer und trockener. Regenwürmer sind nicht mehr erreichbar, der Boden ist steinhart. Der Weißstorch kann nur noch Beutetiere von der Bodenoberfläche oder von Grashalmen ablesen. Wiesen sind bereits mindestens einmal gemäht und der erneute Aufwuchs weist eine verarmte Biodiversität auf. Mit der allgemeinen Abnahme der Großinsekten [175] bleiben noch kleine Heuschrecken, Käfer und Spinnen auf der Speisekarte. Sollte sich das Hochsommerklima in Mitteleuropa weiterhin in diese Richtung verändern, würde dem Weißstorch zukünftig gerade in jener Zeit viel Nahrung fehlen, in der die Nestlinge einen besonders großen Nahrungsbedarf haben. Der trockene Sommer 2022 beispielsweise führte in gewissen Regionen Mitteleuropas bereits zum Tod von Jungstörchen, da ihre Eltern ihnen nicht genügend Nahrung beschaffen konnten.
- Der Klimawandel hat bereits seit mehreren Jahrzehnten große Auswirkungen in den Überwinterungsgebieten der Sahelzone und Ostafrikas. Durch veränderte Regenregimes dehnten sich die Wüsten in der Sahelzone aus und die Regenlinien verschoben sich weiter südwärts. Dadurch verkleinerte sich das Überwinterungsgebiet [9]. Am Nordrand des Sahels fallen Regionen als Überwinterungsgebiete weg, teilweise kommen am Südrand aber neue hinzu. Auch größere Regionen im Südosten Äthiopiens und im Norden Kenias fielen als Überwinterungsgebiete weg, ebenso in Sambia, Mosambik, Namibia und Botswana. Im Gegensatz dazu könnten in Somalia und Angola neue Überwinterungszonen entstehen [18]. Als nomadische Art und aufgrund seines sehr anpassungsfähigen Wanderverhaltes ist zu hoffen, dass der Weißstorch sich an diese sich verändernden Bedingungen in Afrika anpassen kann.

Der Weißstorch besiedelt feuchte wie trockene Regionen. Hier ruht ein Trupp Weißstörche in einem ariden Olivenhain in der Estremadura (Spanien).

Bestandstrends

Seit zwanzig Jahren ist die westeuropäische Population im Aufwind. Die Bestände verdoppeln sich in einigen Ländern Westeuropas alle paar Jahre, nehmen aber auch in zahlenstarken Regionen wie in Spanien weiter zu. Die Art breitet sich zudem weiter nordwärts aus, besiedelt neue Gebiete in Skandinavien und in den baltischen Ländern.

Anders sieht die Situation in Osteuropa aus. Hier sind die Bestände mehrheitlich stabil. Doch die Intensivierung der Landwirtschaft wirkt sich besonders in Nordostpolen negativ aus, wo die Populationen leicht abnehmen.

nach Kai-Michael Thomsen, Weißstorch-Zensus 2004 und 2014, Michael-Otto-Institut im NABU

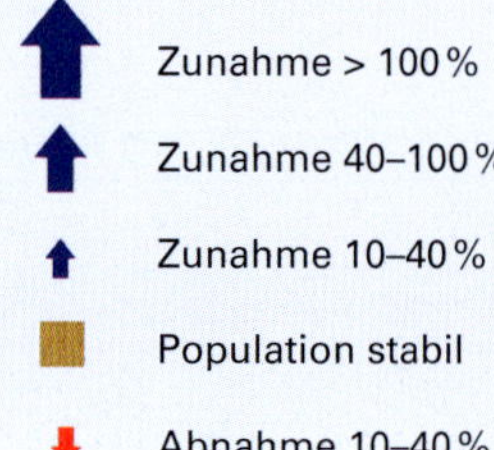

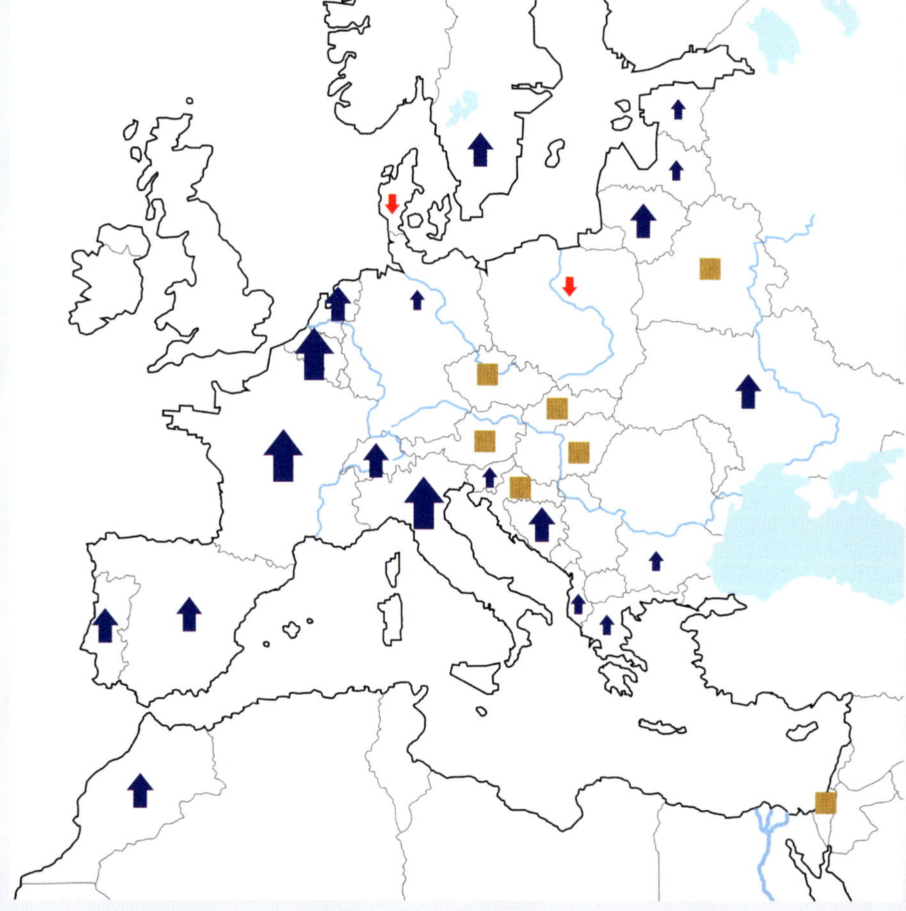

Der Weißstorch – ein Vogel der Gegensätze

Der Weißstorch ist eine unglaublich spannende Vogelart voller Gegensätze. Er zieht spektakulär nach Afrika, überwintert aber neuerdings auch in Mitteleuropa. Er ist einerseits in Flussauen ein geschickter Fischjäger und erbeutet Mäuse auf der Lauerjagd, sammelt andererseits auch Regenwürmer hinter dem pflügenden Traktor und ernährt sich von Pasta und Fischresten auf Mülldeponien. Der Weißstorch brütet auf Auenbäumen, scheut aber auch Nistplätze inmitten von Großstädten nicht. Harmonisch zieht ein Brutpaar seine Nestlinge auf, wirft aber zurückbleibende Nestlinge aus dem Horst oder reduziert bei knappem Nahrungsangebot aktiv die Jungenzahl. Der Storch frisst Beutetiere bis zur Größe von Mäusen und Schlangen, verschluckt aber auch Plastik und anderen Müll.

Der Weißstorch ist sehr anpassungsfähig und reagiert auf die Veränderungen in seiner Umwelt. Doch wann sind die Grenzen seiner Anpassungsfähigkeit erreicht? Wohin fliegt der Weißstorch in seiner Zukunft? Sein Lebensraum wird sich weiter wandeln, offene Mülldeponien werden schließen, Bestände an Beutetieren vielerorts weiter abnehmen. Auch entlang der Ostroute verändern sich Rastplätze und Überwinterungsgebiete weiter. Die Auswirkungen der Klimaveränderung sind unabsehbar und viele Faktoren ungewiss, auch ob und wie der Weißstorch darauf reagieren wird oder kann [18].

Kaum eine andere Vogelart begeistert so viele Leute wie der Weißstorch, über keine andere Art erscheinen so viele Zeitungsartikel. Als auffällige Art und inspirierender Segler hat der Storch uns Menschen schon immer in seinen Bann gezogen. Zahlreiche Störche sind besendert und lassen sich während des Zuges, der Nahrungssuche oder an den Schlafplätzen verfolgen. Hunderte Nestkameras sind in Europa auf Storchenpaare gerichtet und erzählen Geschichten von der Aufzucht der Jungen. Keine andere Vogelart wird so großflächig und von so vielen Interessierten beobachtet wie der Weißstorch – und so werden wir auch in Zukunft noch viele Details und Strategien aus seinem Leben erfahren. Und auch die Landwirt:innen sind stolz und haben Freude, wenn ihnen beim Pflügen fünfzig Störche folgen.

Der Weißstorch ist aber auch vom Menschen abhängig wie kaum eine andere Art. Sein Schicksal und das vieler anderer Arten liegt in unseren Händen. Wenn der Storch nicht mehr genügend Nahrung findet, zeigt das auf, wie schlimm es um unsere Biodiversität steht. Der Druck auf die Landschaft und das Kulturland steigt weiter, fruchtbares Land wird überbaut. Doppelt verliert der Lebensraum des Weißstorchs: Grünfläche wird versiegelt, der Druck auf die verbleibende Ackerfläche steigt weiter an.

Mit Max Bloesch startete das Artenschutzprogramm Weißstorch und brachte diesen Brutvogel in die Schweiz zurück. Auch heute gehört der Weißstorch in der Schweiz zu den prioritären Vogelarten und ein Artenschutzprogramm besteht [86, 88]. In der Region um Altreu wird der Gebietsschutz im Rahmen des Witischutzkonzeptes mit Rückführungswiesen, Ackerrandstreifen und mit dem Bau von Storchenwiesen und Amphibienweihern vorangetrieben. Renaturierungen mit Bundes- und Kantonsgeldern oder unterstützt durch Öko- und Renaturierungsfonds bringen die Natur zurück. Mit der Biodiversitätsstrategie der Schweiz fördert die Eidgenossenschaft die Natur und das Programm Natura 2000 der Europäischen Union gemäß der Fauna-Flora-Habitat-Richtlinie schützt europaweit natürliche Lebensräume. Auch die Biodiversitätskonferenzen und die Forderung, 30 Prozent der Landesfläche als Schutzgebiete auszuweisen, geben neue Hoffnung. Großes Bestreben ist notwendig, um die Abnahme vieler Tiere und Pflanzen, das Artensterben und die Verarmung unserer Landschaft zu stoppen beziehungsweise umzukehren.

Nur so kann der Weißstorch im Aufwind einer hoffnungsvollen Zukunft entgegensegeln!

Der Weißstorch fliegt einer ungewissen Zukunft entgegen. Im Moment befinden sich die westeuropäischen Populationen in einem Hoch, doch viele Faktoren können die Zukunft des Weißstorchs wieder verdüstern.

Anhang

Dank

Dieses Buch entstand in Zusammenarbeit mit Mitarbeiter:innen des Infozentrums Witi Altreu (SO). Ein besonders großer und herzlicher Dank gehört Renata Gugelmann und Heidi Ammann, die viel Wissen beigetragen und mich in jeder Hinsicht unterstützt haben. Auch vielen anderen des Infowiti-Teams gebührt großer Dank: Walter Ammann, Hans-Peter Beutler, Trudi, Sepp und Christine Grimm, Rolf Gugelmann, Willi Ingold, Doris Kamber, Rosemarie Lätt, Claudia und Thomas Leimer, Hanna Nägeli, Andreas Steinmann, Viktor Stüdeli, Christine Winkelhausen und Andrea Ziegler. Ariane Hausammann von Pro Natura Solothurn und Markus Dietschi, Präsident des Vereins *Für üsi Witi,* haben mich verschiedentlich unterstützt. Josef Wyser lieferte mir zahlreiche spannende Beobachtungen von Weißstörchen in Altreu.

Mit Claudia Baumberger führte ich zahlreiche Gespräche rund um den Weißstorch und seine Lebensräume. In gemeinsamen Diskussionen zu verschiedenen Themen und bei der Durchsicht der Fotografien erhielt ich viele wertvolle Anregungen. Sie prüfte auch das Manuskript gründlich und trug wesentlich zu dessen Verbesserung bei.

Dr. Wolfgang Fiedler vom Max-Planck-Institut für Verhaltensbiologie in Radolfzell sowie Beat Huggenberger von der *Informellen Interessen-Gemeinschaft Storchenfreunde Biel-Benken* IIGSFBB danke ich für die Erlaubnis, Senderdaten von Störchen (vor allem EUROPA DER A1A26 und Storch mit Sendernummer 23410844) auszuwerten und zu publizieren, die im Rahmen von Untersuchungen besendert bzw. gesponsert wurden.

Nicht zählbar sind die ehrenamtlich geleisteten Stunden all der Storchenbetreuer:innen, die Nester beobachten, Bruten dokumentieren, Horstpflege betreiben oder Winterzählungen durchführen. Ohne ihre wertvolle Arbeit wären die Betreuung der Storchenkolonien und das Sammeln der Grundlagendaten nicht möglich.

Die große Zahl beringter Weißstörche ermöglicht detaillierte Einsichten in das Leben der Störche, wie die Zugbewegungen oder Nistplatztreue. Dies wäre nicht möglich ohne die jährliche Beringung von Nestlingen in der Schweiz und in Europa. Deshalb sei den Beringer:innen speziell gedankt. Lokale Feuerwehren oder Besitzer:innen von Hebebühnen unterstützen technisch die Beringungsaktionen und ermöglichen dadurch die Beringung von Jungstörchen.

Ruedi Löffel, die Gemeinde Selzach sowie Markus Ziegler und Patrick Pieper der Telsec ESS Schweiz AG haben mich bei der Montage und Inbetriebnahme der Nestkameras unterstützt. Urs Flück (aufdenpunkt.ch) stellte den Videostream auf der Internetseite infowiti.ch online.

Die Gemeinde Selzach und die Präsidentin Silvia Spycher unterstützen die Weißstörche in Altreu mit großem Interesse.

Jonas Lüthy vom Amt für Raumplanung des Kantons Solothurn (Abteilung Natur und Landschaft) danke ich für die tolle Zusammenarbeit. Er setzt sich unermüdlich für die Aufwertung der Witi ein, wovon die Störche und viele andere Arten profitieren.

Ein großer Dank gebührt der Gesellschaft *Storch Schweiz,* seinem Präsidenten Dr. Tobias Salathé, den Geschäftsführenden Margrith und Peter Enggist sowie Dr. Stephanie Michler von der Vogelwarte Sempach. Ich profitierte von vielen Diskussionen um verschiedene Storchenthemen, von anregenden Mitgliederversammlungen und vom europaweiten Netzwerk von *Storch Schweiz.* Verwendete Daten basieren auf Veröffentlichungen im Bulletin von Storch Schweiz und aus dem Projekt «SOS Storch».

Beat Huggenberger (IIGSBB) ist eine der treibenden Kräfte hinter der Problematik «Müll und Störche» in der Schweiz und ich danke ihm für die zahlreichen Diskussionen rund um dieses Thema. Weitere Erkenntnisse zur Müllproblematik erhielt ich durch Dr. Tobias Salathé und Peter Enggist (Storch

Schweiz), Ilka Beermann (EuroNatur), Dr. Holger Schulz, Kai-Michael Thomsen (Naturschutzbund Bergenhusen), Dr. Michael Kaatz (Storchendorf Loburg) im Rahmen von vier Onlinekonferenzen zum Thema «Müll und Störche». Weitere Anregungen erhielt ich in Diskussionen mit Jessica Lehmann vom Rheinland-Pfälzischen Storchenzentrum in Bornheim und mit Dr. Ursula Höfle von der spanischen Universität von Castilla-La Mancha in Ciudad Real.

Mit David Külling von armasuisse unterhielt ich regen Austausch über die Berner Störche. Simone Sikyr und Michael Straubhaar betreuen die Störche beim Psychiatriezentrum Münsingen, Lukas Arn verfolgt die Brutstörche in Grossaffoltern. Ihnen allen danke ich für ihre Zusammenarbeit und Unterstützung.

Ein großer Dank geht auch an alle Landwirt:innen der Region Altreu. Mit ihnen ergaben sich während meiner Feldarbeit immer wieder spannende und aufschlussreiche Diskussionen über Anbaumethoden und über Probleme in der heutigen Landwirtschaft.

Ein spezieller Dank geht auch an alle Horstgastgeber:innen, die auf ihren Dächern Nisthilfen angebracht haben oder Storchennester auf ihren Häusern haben.

Die Installation der Nestkameras haben die *Basler Stiftung für biologische Forschung* und der Verein *Für üsi Witi* mit namhaften Beiträgen unterstützt. Für die Kameras spendeten auch folgende Organisationen und Firmen: Stiftung Vogel- und Naturschutz Grenchen, Vogelschutzverband Solothurn VVS, Schweizerische Vogelwarte Sempach, Gemeinde Selzach, Gemeinde Bettlach, Regiobank Solothurn, Stryker Selzach.

Tobias Salathé und Josef Wyser haben frühere Entwürfe des Manuskriptes durchgesehen. Dank ihrer kritischen Bemerkungen konnte das Buch deutlich verbessert werden. Ihnen sei ganz besonders gedankt.

Ein ganz herzlicher Dank geht an Dr. Martin Lind und Iris Alder des Haupt Verlags für die angenehme und wertschätzende Zusammenarbeit.

Die Publikation dieses Buches wurde ermöglicht durch die finanzielle Unterstützung der folgenden Institutionen:

Berner Ala

Berner Ala
Bernische Gesellschaft für
Vogelkunde und Vogelschutz

Pro Natura Solothurn

pro natura

Storchenfreunde Biel-Benken

Einwohnergemeinde Selzach

Natur- und Vogelschutzverein Münsingen

Natur- und Vogelschutzverein Münsingen (NVVM)

Swisslos Fonds Kanton Solothurn

Glossar

Beinkoten: Das Beinkoten bei Weißstörchen dient zur Thermoregulation. Dabei bespritzt der Storch seine Beine mit einer weißlichen Harnflüssigkeit aus der Kloake. Das Verdunsten der Flüssigkeit senkt die Beintemperatur. Dadurch wird auch das venöse Blut in den Beinen gekühlt, welches in den Körper zurückfließt.

Degradation: Bei Habitaten wird damit die Zerstörung oder Beeinträchtigung von Lebensräumen bezeichnet.

Desertifikation: Wüstenbildung. Aufgrund von Trockenheit und Bodenverschlechterung breiten sich Wüsten und Halbwüsten aus. So beträgt beispielsweise der vulnerable Streifen am Südrand der Sahara 100 bis 300 Kilometer.

Enzyme/Proteasen: Enzyme sind Eiweiße (Proteine), die in Organismen bestimmte chemische Reaktionen beschleunigen. Proteasen sind eine Untergruppe davon, welche Eiweiße an spezifischen Stellen spalten.

Fitness/indirekte Fitness: Im verhaltensökologischen Sinne bedeutet Fitness die Angepasstheit eines Individuums an seine Umwelt und seinen Fortpflanzungserfolg. Die Fitness bezieht sich auf die Gene, die an die folgende Generation weitergegeben werden. Indirekte Fitness bedeutet die Investition von Individuen in nah Verwandte, mit denen sie ebenfalls gleiche Gene besitzen, wie zum Beispiel in (Halb-)Geschwister nachfolgender Bruten der Eltern (Helfer-am-Nest).

Habitat: Charakteristischer Lebensraum, in dem sich eine bestimmte Tierart bevorzugt aufhält.

Hassen: Aggressives Verhalten von Vögeln gegenüber Raubfeinden, meistens werden dabei Scheinangriffe geflogen.

Hudern: Wärmen und Schützen der Nestlinge vor Kälte oder Regen durch die Altvögel in deren Bauchgefieder oder unter den Flügeln.

Infantizid: Kindstötung. Altstörche werfen teilweise absichtlich Junge über den Nestrand, entweder zur Brutreduktion bei Nahrungsknappheit oder bei Krankheit eines Nestlings. Frisst ein Altvogel ein eigenes Küken, so spricht man von Kronismus.

Intertarsalgelenk: Bei Störchen wie bei den übrigen Vögeln entspricht dies dem Gelenk in der Mitte des sichtbaren Laufes. Dieses Gelenk entspricht dem Sprunggelenk (Ferse) der Säugetiere.

Jahresvogel: Standvogel. Weißstörche, die ganzjährig in einem bestimmten Gebiet bleiben, also dort brüten wie auch überwintern.

Kokzidien: Parasitische Einzeller, die zur Ordnung der Sporozoa gehören. Es sind Krankheitserreger, die vor allem den Magen-Darm-Trakt befallen.

K-Strategen: Arten mit wenigen Nachkommen. K-Strategen investieren viel in ihre Nachkommen, die dadurch eine hohe Überlebenswahrscheinlichkeit haben. Im Gegensatz dazu produzieren sogenannte r-Strategen viele Nachkommen, von denen aber nur wenige das Fortpflanzungsalter erreichen.

Nestlingszeit: Bei einer Nestlingsdauer von ca. 65 bis 80 Tagen umfasst die erste Hälfte der Nestlingszeit bei Weißstörchen rund den ersten Monat der Jungenentwicklung. In dieser Zeit werden die Nestlinge in der Regel von den Altvögeln bewacht. Die zweite Hälfte der Nestlingszeit umfasst den Zeitraum etwa ab Tag 35 bis zum Ausfliegen. Die Jungstörche ähneln nun den Altvögeln und werden meist nicht mehr durch diese bewacht.

Ostzieher/ostziehende Störche: Bezeichnung der Weißstorch-Populationen östlich der mitteleuropäischen Zugscheide, welche über Bosporus – Sinai – Niltal nach Afrika ziehen. Dazu gehören auch die Individuen, die im östlichen Mittelmeergebiet überwintern.

Parasiten: Organismen, die andere befallen und sich vom Wirt ernähren oder zur Fortpflanzung aufsuchen. Ektoparasiten halten sich auf dem Wirt auf, Endoparasiten im Körperinnern.

Phänologie: Bestimmte zeitliche Abfolge im Jahresverlauf, wie Brutzeit, Mauser, Zug.

Raumnutzung: Art und Weise, wie eine Art ein Gebiet während eines bestimmten Lebensabschnitts bewohnt und nutzt.

Schmalfrontzug: Der Zugweg konzentriert sich abschnittsweise auf einen schmalen Korridor. Beim Weißstorch kommt es zu schmalen Zugstraßen bei Gibraltar und beim Bosporus.

Schwingenmauser: Wechsel der großen Flügelfedern (Arm- und Handschwingen).

Seihen: Filtern des Wassers mittels seitlicher Schnabelbewegungen auf der Suche nach kleinen Beutetieren.

Sozial monogam: Einehe, bei der ein Männchen und ein Weibchen eine Paarbindung für die Fortpflanzung eingehen. Sozial monogam bedeutet jedoch, dass trotz dieser Monogamie außereheliche Junge möglich sind.

Stimmkopf: Lautbildungsorgan der Vögel. Wird auch unterer Kehlkopf genannt oder wissenschaftlich Syrinx.

Störungsjahr: Jahr, in dem es zu einem kurzfristigen Bestandseinbruch kommt. Bei Weißstörchen sind solche oft durch widrige Wetterbedingungen entlang der Zugroute verursacht. Dadurch verzögert sich die Ankunft in den Brutgebieten, der Bruterfolg kann reduziert sein oder viele Paare beginnen gar keine Brut mehr.

Thermoregulation: Physiologische Steuerung der Körpertemperatur, um diese konstant zu halten.

Transsaharazieher: Begriff für Zugvögel, die südlich der Sahara überwintern.

Westzieher/westziehende Störche: Bezeichnung der Weißstorch-Populationen westlich der mitteleuropäischen Zugscheide, welche über Spanien – Gibraltar ziehen. Dazu gehören auch die Individuen, die im westlichen Mittelmeergebiet und in Nordafrika überwintern.

Zugscheide: Unterscheiden sich die Zugrichtungen zweier benachbarter Populationen, so spricht man von einer Zugscheide. Bei den Weißstörchen verläuft die mitteleuropäische Zugscheide mitten durch Deutschland und trennt die West- und Ostzieher. Eine weitere Zugscheide trennt im Maghreb die Population von Marokko und Westalgerien von derjenigen Ostalgeriens und Tunesiens.

Literaturverzeichnis

1. Alonso J. C., J. A. Alonso & L. M. Carrascal 1991: Habitat selection by foraging White Storks, *Ciconia ciconia*, during the breeding season. Canadian Journal of Zoology 69: 1957–1962.
2. Anderegg K. 2000: Weissstorch-Paar erbrütete zweites Gelege. Der Ornithologische Beobachter 97: 153–155.
3. Antczak M., S. Konwerski, S. Grobelny & P. Tryjanowski 2002: The Food Composition of Immature and Non-breeding White Storks in Poland. Waterbirds 25 (4): 424–428.
4. Antczak M. & P. T. Dolata 2006: Night roosts, flocking behaviour and habitat use of the non-breeding fraction and migrating White Storks *Ciconia ciconia* in the Wielkopolska region (SW Poland). In: Tryjanowski P., T. H. Sparks & L. Jerzak (eds.): The White Stork in Poland: studies in biology, ecology and conservation, Poznan.
5. Archaux F., G. Balanca, P.-Y. Henry & G. Zapata 2004: Wintering of White Storks in Mediterranean France. Waterbirds 27 (4): 441–445.
6. Aßfalg W. & E. Schüz 1988: Weißstorch-Dreiergruppe, ein möglicher Umweg zur Paarbildung. Ornithologische Mitteilungen 40: 279–286.
7. Barbraud Ch. & J. C. Barbraud 1999: Is There Age Assortative Mating in the European White Stork? Waterbirds 22 (3): 478–481.
8. Bécares J., J. Blas, P. López-López, H. Schulz, F. Torres-Medina, A. Flack, P. Enggist, U. Höfle, A. Bermejo & J. De la Puente 2019: Micración y ecología espacial de la cigüeña blanca en España. Monografía n.° 5 del programa Migra. SEO/BirdLife. Madrid. DOI 10.31170/0071.
9. Beck Ch. 2011: Aspekte der Niederschlagsvariabilität in Afrika im Zeitraum 1951–2000. In: J. L. H. Lozán, H. Graßl, P. Hupfer, L. Karbe & C.-D. Schönwiese (Hrsg.): Warnsignal Klima: Genug Wasser für alle? 3. Auflage. Potsdam-Institut für Klimafolgenforschung.
10. Behrmann H. J. 2008: Bigamie beim Weißstorch. – In: Kaatz, C. & M. Kaatz (Hrsg.): 3. Jubiläumsband Weißstorch – 3. Jubilee Edition White Stork. Tagungsbandreihe des Storchenhofes Loburg: 426–428.
11. Benecke H.-G. 2015: Bis zu 13 km lange Nahrungsflüge des Weißstorchs (*Ciconia ciconia*). Acta ornithoecologica 8 (2): 113–120.
12. Benharzallah N., A. Si Bachir, F. Taleb & Ch. Barbraud 2015: Factors affecting growth parameters of White Stork nestlings in eastern Algeria. Journal für Ornithologie 156: 601–612.
13. Bergmann H.-H., H.-W. Helb & S. Baumann 2008: Die Stimmen der Vögel Europas – 474 Vogelportraits mit 914 Rufen und Gesängen auf 2.200 Sonagrammen. AULA-Verlag GmbH Wiebelsheim.
14. Berthold P. 2004: Aerial «flycatching»: non-predatory birds can catch small birds in flight. Journal für Ornithologie 145: 271–272.
15. Berthold P., W. van den Bossche, W. Fiedler, E. Gorney, M. Kaatz, Y. Leshem, E. Nowak & U. Querner 2001: Der Zug des Weißstorchs (*Ciconia ciconia*): eine besondere Zugform auf Grund neuer Ergebnisse. Journal für Ornithologie 142: 73–92.
16. Berthold P., A. Aebischer, M. Kaatz & U. Querner 2002: Erstnachweis der Wanderungen und Aufenthaltsgebiete eines Weißstorchs *Ciconia ciconia* vom Ausfliegen bis zum ersten Brüten mit Hilfe der Satelliten-Telemetrie. Der Ornithologische Beobachter 99: 227–229.
17. Biber O., M. Moritzi & R. Spaar (2003): Der Weissstorch *Ciconia ciconia* in der Schweiz – Bestandsentwicklung, Altersaufbau und Bruterfolg im 20. Jahrhundert. Der Ornithologische Beobachter 100: 17–32.

18. BirdLife International & Durham University 2009: Species climate change impacts factsheet: *ciconia*. http://datazone.birdlife.org/species/factsheet/white-stork-ciconia-ciconia/climate.
19. Birkhead T.R. & A.P. Møller 1992: Sperm Competition in Birds: Evolutionary Causes and Consequences. Academic Press, London.
20. Bloesch M. 1932: Die letzten Störche im Kanton Solothurn. Der Ornithologische Beobachter 29: 55–56.
21. Bloesch M. 1932: Die Störche in der Schweiz. Statistik 1932. Der Ornithologische Beobachter 30: 17–20.
22. Bloesch M. 1931–1950: Die Störche in der Schweiz. Statistiken. Der Ornithologische Beobachter 29–47.
23. Bloesch M., M. Dizerens & E. Sutter 1977: Die Mauser der Schwungfedern beim Weißstorch *Ciconia ciconia*. Der Ornithologische Beobachter 74: 161–188.
24. Bloesch M. 1980: Drei Jahrzehnte Schweizerischer Storchansiedlungsversuch (*Ciconia ciconia*) in Altreu, 1948–1979. Der Ornithologische Beobachter 77: 167–194.
25. Bloesch M. 1982: Sechsergelege beim Weißstorch *Ciconia ciconia*. Der Ornithologische Beobachter 79: 39–44.
26. Bloesch M. 1983: Altreu und seine Störche. Verlag Vogt-Schild AG, Solothurn.
27. Bloesch M. 1984: Ablage und Entwicklung außergewöhnlich großer Gelege beim Weißstorch *Ciconia ciconia*. Der Ornithologische Beobachter 81: 277–283.
28. Bocheński M. & L. Jerzak 2006: Behaviour of the White Stork *Ciconia ciconia*: a review. In: P. Tryjanowski, T.H. Sparks & L. Jerzak (eds.): The White Stork in Poland: studies in biology, ecology and conservation. Poznan: 295–324.
29. Brown J.L. 1987: Helping and Communal Breeding in Birds. Ecology and Evolution. Princeton University Press, Princeton.
30. Bruderer B. 2017: Vogelzug: eine schweizerische Perspektive. Der Ornithologische Beobachter. Beiheft 12.
31. Chenchouni H., A. Si Bachir & M. AlRashidi 2015: Trophic niche and feeding strategy of the White Stork (*Ciconia ciconia*) during different phases of the breeding season. Avian Biology Research 8 (1): 1–13.
32. Cheng Y., W. Fiedler, M. Wikelski & A. Flack 2019: «Closer-to-home» strategy benefits juvenile survival in a long-distance migratory bird. Ecology and Evolution 9: 8945-8952. DOI 10.1002/ece3.5395.
33. Chernetsov N., P. Berthold & U. Querner 2004: Migratory orientation of first-year white storks (*Ciconia ciconia*): inherited information and social interactions. The Journal of Experimental Biology 207: 937–943.
34. Chernetsov N., W. Chromik, P.T. Dolata, P. Profus, P. Tryjanowski & D.B. Lank 2006: Sex-related natal dispersal of White Storks (*Ciconia ciconia*) in Poland: how far and where to? The Auk 123: 1103–1109.
35. Ciach M. & R. Kruszyk 2010: Foraging of White Storks *Ciconia ciconia* on Rubbish Dumps on Non-Breeding Grounds. Waterbirds 33 (1): 101–104. DOI 10.1675/063.033.0112.
36. Corti U.A. 1933: Störche in der Schweiz. Sonderdruck aus der «Tierwelt». Verlag: Graphische Anstalt Zofinger Tagblatt, Zofingen.
37. Creutz G. 1988: Der Weiss-Storch. *Ciconia ciconia*. 2., erweiterte Aufl. – Die Neue Brehm-Bücherei 375. Wittenberg Lutherstadt.
38. Dahms G. & H. Eggers 2008: Weißstorch-Forschung in Südfrankreich und Spanien zur Zug- und Überwinterungszeit von 2001 bis 2004. In: Kaatz C. & M. Kaatz (Hrsg.) 2008: 3. Jubiläumsband Weißstorch – 3. Jubilee Edition White Stork. Tagungsbandreihe des Storchenhofes Loburg: 89–95.

39. Del Hoyo J., A. Elliott & J. Sargatal 1992 (eds.): Handbook of the Birds of the World. Vol. 1. Ciconiidae pp. 436–465. Barcelona: Lynx Edicions.
40. Denac D. 2006: Resource-dependent weather effect in the reproduction of the White Stork *Ciconia ciconia*. Ardea 94 (2): 233–240.
41. Derraik J. G. B. 2002: The pollution of the marine environment by plastic debris: a review. Marine Pollution Bulletin 44 (9): 842–852.
42. Djerdali S., F. S. Tortosa & S. Doumandji 2008: Do white stork (*Ciconia ciconia*) parents exert control over food distribution when feeding is indirect? Ethology Ecology & Evolution 20: 361–374.
43. Djerdali S., F. S. Tortosa, L. Hillstrom & S. Doumandji 2008: Food supply and external cues limit the clutch size and hatchability in the White Stork *Ciconia ciconia*. Acta Ornithologica 43: 145–150. DOI 10.3161/000164508X395252.
44. Djerdali S., J. Guerrero-Casado & F. S. Tortosa 2016: The effects of colony size interacting with extra food supply on the breeding success of the White Stork (*Ciconia ciconia*). Journal of Ornithology 157: 941–947. DOI 10.1007/s10336-016-1343-5.
45. Dziewiaty K. 2005: Nahrungserwerbsstrategien, Ernährungsökologie und Populationsdichte des Weißstorchs (*Ciconia ciconia*, L. 1758) – untersucht an der Mittleren Elbe und im Drömling. – Dissertation. ad fontes verlag, Hamburg.
46. Eggers U., M. Arens, M. Firla & D. Wallschläger 2015: To fledge or not to fledge: factors influencing the number of eggs and the eggs-to-fledglings rate in White Storks *Ciconia ciconia* in an agricultural environment. Journal of Ornithology 156: 711–723. DOI 10.1007/s10336-015-1182-9.
47. Erny I., I. O'Connor & A. Spörri 2020: Plastik in der Schweizer Umwelt. Wissensstand zu Umweltwirkungen von Kunststoff (Mikro- und Makroplastik). EBP Schweiz AG, im Auftrag des Bundesamtes für Umwelt (BAFU).
48. Erritzøe J. & W. D. Busching 2006: Gedanken zu Hungerstreifen und ähnlichen Phänomenen im Vogelgefieder. Beiträge zur Gefiederkunde und Morphologie der Vögel 12: 52–65.
49. Ezealor A. U. 1995: Wintering White Storks in Nigeria. In: Biber O., P. Enggist, C. Marti & T. Salathé (eds.): Conservation of the White Stork (Western Population). Proceedings of the International Symposium on the White Stork (Western Population). 7th–10th April 1994, Basel: 213–218.
50. Fangrath M. & H.-W. Helb 2005: Die Kehlmusterung des Weißstorchs – ein individuelles oder geschlechtsdimorphes Merkmal? Ornithologische Mitteilungen 57: 148–153.
51. Fangrath M. & H.-W. Helb 2007: Geschlechtsabhängige Unterschiede beim Klappern des Weißstorchs *Ciconia ciconia*. Vogelwarte 45: 219–223.
52. Fiedler G. & A. Wissner 1980: Freileitungen als tödliche Gefahr für Störche *Ciconia ciconia*. Ökologie der Vögel 2, Sonderheft: 59–109.
53. Fiedler W. 1998: Joint Vogelwarte Radolfzell – EURING migration project: a large-scale ringing recovery analysis of the migration of European bird species. EURING newsletter, Vol. 2: 31–35.
54. Flack A., W. Fiedler, J. Blas, I. Pokrovsky, M. Kaatz, M. Mitropolsky, K. Aghababyan, I. Fakriadis, E. Makrigianni, L. Jerzak, H. Azafzaf, C. Feltrup-Azafzaf, S. Rotics, T. M. Mokotjomela, R. Nathan & M. Wikelksi 2016: Costs of migratory decisions: A comparison across eight white stork populations. Science Advances 2: e1500931. DOI 10.1126/sciadv.1500931.
55. Flack A., M. Nagy, W. Fiedler, I. D. Couzin & M. Wikelski 2018: From local collective behavior to global migratory patterns in white storks. Science 360: 911–914. DOI 10.1126/science.aap7781.

56. Gallo Orsi U., G. Boano & G. Tallone 1995: White Storks and hunting in Italy. In: O. Biber, P. Enggist & T. Salathé (eds.): Proceedings of the International Symposium on the White Stork (Western Population). 7th–10th April 1994, Basel: 183–188.

57. Gambke O. & P. Kneis 2015: Wann reduzieren Weißstörche *Ciconia ciconia* ihre Jungenzahl? Beobachtungen aus dem sächsischen Elbe-Röder-Gebiet um Riesa. Mitteilungen des Vereins Sächsischer Ornithologen 11: 243–261.

58. Gilbert N. I., R. A. Correia, J. P. Silva, C. Pacheco, I. Catry, P. W. Atkinson, J. A. Gill & A. M. A. Franco 2016: Are white storks addicted to junk food? Impacts of landfill use on the movement and behaviour of resident white storks (*Ciconia ciconia*) from a partially migratory population. Movement Ecology 4 (7): 1–13. DOI 10.1186/s40462-016-0070-0.

59. Glutz von Blotzheim, U. N. 1962: Die Brutvögel der Schweiz, 2. Auflage. Schweizerische Vogelwarte Sempach, Verlag Aargauer Tagblatt AG, Aarau.

60. Glutz von Blotzheim, U. N. 1987: Handbuch der Vögel Mitteleuropas, Band 1: 388–415. Aula-Verlag Wiesbaden.

61. Gordo O., J. J. Sanz & J. M. Lobo 2007: Spatial patterns of white stork (*Ciconia ciconia*) migratory phenology in the Iberian Peninsula. Journal of Ornithology 148: 293–308. DOI 10.1007/s10336-007-0132-6.

62. Gordo O., P. Tryjanowski, J. Z. Kosicki & M. Fulin 2013: Complex phenological changes and their consequences in the breeding success of a migratory bird, the white stork *Ciconia ciconia*. Journal of Animal Ecology 82: 1072–1086. DOI 10.1111/1365-2656.12084.

63. Grischtschenko V. 1992: Beinkoten beim Weißstorch (*Ciconia ciconia*) dient der Abkühlung. Ornithologische Mitteilungen 44 (9): 221–222.

64. Grishchenko V. N. & E. Yablonovska-Grishchenko 2017: Population of the White Stork (*Ciconia Ciconia*) in Ukraine in 2017: the continuation of the crisis. Экология/Ökologie 26: 112–124.

65. Haas D. 1980: Gefährdung unserer Grossvögel durch Stromschlag – eine Dokumentation. Ökologie der Vögel 2: 7–59.

66. Haig D. 1990: Brood reduction and optimal parental investment when offspring differ in quality. The American Naturalist 136 (4): 550–556.

67. Happatz M. & P. Gottschalk 2008: Fast flügge Jungstörche werden durch Fremdstörche getötet. In: Kaatz C. & M. Kaatz (Hrsg.): 3. Jubiläumsband Weißstorch – 3. Jubilee Edition White Stork. Tagungsbandreihe des Storchenhofes Loburg: 422–423.

68. Hausfater G. & S. Blaffer Hrdy 1984: Infanticide. Comparative and Evolutionary Perspectives. Routledge, New York.

69. Hernández J. M. 1995: ¿Han cambiado las cigüeñas sus pautas migratorias? In: Biber O., Enggist P., Marti C. & Salathé T. (eds.): Conservation of the White Stork (Western Population). Proceedings of the International Symposium on the White Stork (Western Population). 7th–10th April 1994, Basel: 175–179.

70. Herrmann R. 2001: Fremder Altstorch hackt auf unbewachte Junge ein. In: Kaatz C. & M. Kaatz (Hrsg.): 2. Jubiläumsband Weißstorch – 2. Jubilee Edition White Stork. Tagungsbandreihe des Storchenhofes Loburg: 298–300.

71. Herrmann R. 2001: Brütende Weißstörche in Südafrika. In: Kaatz C. & M. Kaatz (Hrsg.): 2. Jubiläumsband Weißstorch – 2. Jubilee Edition White Stork. Tagungsbandreihe des Storchenhofes Loburg: 58–67.

72. Jagiello Z., A. López-García, J. I. Aguirre & Ł. Dylewski 2020: Distance to landfill and human activities affects the debris incorporation into the white stork nests in urbanized landscape in central Spain. Environmental Science and Pollution Research 27: 30893–30898. DOI 10.1007/s11356-020-09621-3.

73. Jakubiec Z. 1991: Causes of breeding losses and adult mortality in White Stork *Ciconia ciconia* (L.) in Poland. – In: Jakubiec Z. (ed.): Population of the White Stork *Ciconia ciconia* (L.) in Poland. Part II. Zakład Ochrony Przyrody i Zasobów Naturalnych Polskiej Akademii Nauk. Studia Naturae Seria A, 37: 107–124.
74. Jenni L., W. Boettcher-Streim, M. Leuenberger, E. Wiprächtiger & M. Bloesch 1991: Zugverhalten von Weissstörchen *Ciconia ciconia* des Wiederansiedlungsversuchs in der Schweiz im Vergleich mit jenem der West- und der Maghreb-Population. Der Ornithologische Beobachter 88: 287–319.
75. Jerzak L. & A. Wąsicki 2005: Sind Störche Kannibalen? Beobachtungen im Storchendorf Klopot, W-Polen. Ornithologische Mitteilungen 57 (3): 80–81.
76. Johst K., R. Brandl & R. Pfeiffer 2001: Foraging in a patchy and dynamic landscape: Human land use and the White Stork. Ecological Applications 11 (1): 60–69.
77. Jovani R. & J. L. Tella 2004: Age-related environmental sensitivity and weather mediated nestling mortality in white storks *Ciconia ciconia*. Ecography 27: 611–618.
78. Kaatz Ch. 1999: Die Bestandssituation des Weißstorchs (*Ciconia ciconia*) in Deutschland, unter besonderer Berücksichtigung der Jahre 1994 und 1995. In: Schulz H. (Hrsg.): Weißstorch im Aufwind? – White Storks on the up? Proceedings of the International Symposium on the White Stork, Hamburg 1996. NABU (Naturschutzbund Deutschland e. V.), Bonn: 137–155.
79. Kaatz Ch., D. Wallschläger, K. Dziewiaty & U. Eggers 2017 (Hrsg.): Der Weißstorch: *Ciconia ciconia*. Die Neue Brehm-Bücherei 682. VerlagsKG Wolf, Magdeburg.
80. Kahl M. P. 1963: Thermoregulation in the Wood Stork, with Special Reference to the Role of the Legs. Physiological Zoology 36 (2): 141–151. DOI 10.1086/physzool.36.2.30155437.
81. Kanyamibwa S., F. Bairlein & A. Schierer 1993: Comparison of survival rates between populations of the White Stork *Ciconia ciconia* in Central Europe. Ornis Scandinavica 24: 297–302.
82. Kanyamibwa S., A. Schierer, R. Pradel & J.-D. Lebreton 1990: Changes in adult annual survival rates in a western European population of the White Stork *Ciconia ciconia*. Ibis 132 (1): 27–35. DOI 10.1111/j.1474-919X.1990.tb01013.x.
83. Kashkarov R., A. Atakhodjaev & Y. Mitropolskaya 2017: Turkestan white stork *Ciconia ciconia asiatica* (Aves: Ciconiiformes) in Uzbekistan: current size and condition of population. International Journal of Zoology Studies 2 (1): 96–101.
84. Katzenberger J., E. Tabur, B. Şen, S. İsfendiyaroğlu, I. L. Erkol & S. Oppel 2019: No short-term effect of closing rubbish dump on reproductive parameters of an Egyptian Vulture population in Turkey. Bird Conservation International 29: 71–82. DOI 10.1017/S0959270917000326.
85. Keller P. & T. Dolich 2020: Gefahr für Störche: Plastikmüll auf Gemüsefeldern. Der Falke 67 (10): 14–15.
86. Keller V., A. Gerber, H. Schmid, B. Volet & N. Zbinden 2010 / Knaus P., S. Antoniazza, V. Keller, T. Sattler, H. Schmid & N. Strebel 2021: Rote Liste der Brutvögel. Gefährdete Arten der Schweiz, Stand 2010/2021. Bundesamt für Umwelt (BAFU) und Schweizerische Vogelwarte Sempach. Umwelt-Vollzug Nr. 1019/2124.
87. Keller V., S. Herrando, P. Voříšek, M. Franch, M. Kipson, P. Milanesi, D. Martí, M. Anton, A. Klvaňová, M.V. Kalyakin, H.-G. Bauer & R. P. B. Foppen 2020: European Breeding Bird Atlas 2: Distribution, Abundance and Change. European Bird Census Council & Lynx Edicions, Barcelona.
88. Kestenholz M., O. Biber, P. Enggist & T. Salathé 2010: Aktionsplan Weissstorch Schweiz. Artenförderung Vögel Schweiz. Bundesamt für Umwelt, Bern, Schweizerische Vogelwarte, Schweizer Vogelschutz SVS/BirdLife Schweiz, Storch Schweiz, Bern, Sempach, Zürich, Kleindietwil. Umwelt-Vollzug Nr. 1029.

89. Kinzelbach R. K. 2013: Das neue Buch vom Pfeilstorch. Basiliskenpresse, Rangsdorf.
90. Kisling M. & B. Horst 1999: Die «mittlere Zugroute» des Weißstorchs über Italien – Beobachtungen am Cap Bon / Tunesien und bei Messina / Sizilien. In: Schulz H. (Hrsg.): Weißstorch im Aufwind? – White Storks on the up? Proceedings of the International Symposium on the White Stork, Hamburg 1996. NABU (Naturschutzbund Deutschland e. V.), Bonn: 529–534.
91. Klaassen R. H. G., M. Hake, R. Strandberg, B. J. Koks, Ch. Trierweiler, K.-M. Exo, F. Bairlein & T. Alerstam 2014: When and where does mortality occur in migratory birds? Direct evidence from long-term satellite tracking of raptors. Journal of Animal Ecology 83: 176–184. DOI 10.1111/1365-2656.12135.
92. Knaus P., S. Antoniazza, S. Wechsler, J. Guélat, M. Kéry, N. Strebel & T. Sattler 2018: Schweizer Brutvogelatlas 2013–2016. Verbreitung und Bestandsentwicklung der Vögel in der Schweiz und im Fürstentum Liechtenstein. Schweizerische Vogelwarte, Sempach.
93. Kosicki J. Z. & P. Indykiewicz 2011: Effects of breeding date and weather on nestling development in White Storks *Ciconia ciconia*. Bird Study 58: 178–185.
94. Kosicki J. Z. 2012: Effect of weather conditions on nestling survival in the White Stork *Ciconia ciconia* population. Ethology Ecology & Evolution 24: 140–148. DOI 10.1080/03949370.2011.616228.
95. Lakeberg H. 1995: Zur Nahrungsökologie des Weißstorches *Ciconia ciconia* in Oberschwaben: Raum-Zeit-Nutzungsmuster, Nestlingsentwicklung und Territorialverhalten. Ökologie der Vögel 17 (Sonderheft).
96. Latus C., K. Kujawa & M. Glemnitz 2000: The influence of landscape structure on White Storks's *Ciconia ciconia* nest distribution. Acta Ornithologica 35 (1): 97–102.
97. Lenz E. & M. Zimmermann 1994: Zur Mortalität juveniler Weißstörche. In: Kaatz C. & M. Kaatz (Hrsg.): 2. Sachsen-Anhaltinischer Storchentag 1993. Tagungsband des Storchenhofes im MRLU-LSA, Loburg: 42–48.
98. Leshem Y. 1999: Following White Stork migration by radar, motorised glider, light aircraft, drones and ground observers. In: Schulz H. (Hrsg.): Weißstorch im Aufwind? – White Storks on the up? Proceedings of the International Symposium on the White Stork, Hamburg 1996. NABU (Naturschutzbund Deutschland e. V.), Bonn: 535–546.
99. Liechti F., D. Ehrich & B. Bruderer 1996: Flight behaviour of White Storks *Ciconia ciconia* on their migration over southern Israel. Ardea 84 (1/2): 3–13.
100. Lilienthal O. 1889: Der Vogelflug als Grundlage der Fliegekunst. Ein Beitrag zur Systematik der Flugtechnik. R. Gaertners Verlagsbuchhandlung, Berlin.
101. Löhmer R., P. Jaster & F.-G. Reck 1980: Untersuchungen zur Ernährung und Nahrungsraumgröße des Weißstorches (*Ciconia ciconia*). Beiträge zur Naturkunde Niedersachsens 33: 117–129.
102. Maclean G. L., R. M. Gous & T. Bosman 1973: Effects of Drought on the White Stork in Natal, South Africa. Die Vogelwarte 27: 134–136.
103. Marchamalo de Blas J. 1995: La invernada de la Cigüeña Blanca en España.. In: O. Biber, P. Enggist, C. Marti & T. Salathé (eds.): Proceedings of the International Symposium on the White Stork (Western Population). 7th–10th April 1994, Basel: 77–78.
104. Märki L. 2022: Achtung Natur. Beobachtungen aus der Aare-Ebene. Hornerblätter 2022. Vereinigung für Heimatpflege Büren.
105. Martinez Rodriguez E. 1995: El uso de vertederos por la Cigüeña Blanca como nuevas fuentes de alimentación. In: Biber O., P. Enggist, C. Marti & T. Salathé (Hrsg.): Proceedings of the International Symposium on the White Stork (Western Population). 7th–10th April 1994, Basel: 159–162.

106. Massemin-Challet S., J.-P. Gendner, S. Samtmann, L. Pichegru, A. Wulgué & Y. Le Maho 2006: The effect of migration strategy and food availability on White Stork *Ciconia ciconia* breeding success. Ibis 148: 503–508.

107. Mata A. J., M. Caloin, D. Michard-Picamelot, A. Ancel & Y. Le Maho 2001: Are non-migrant white storks (*Ciconia ciconia*) able to survive a cold-induced fast? Comparative Biochemistry and Physiology Part A 130: 93–104.

108. Meinecke L. 2013: Der Weißstorch – Untersuchungen zum Aktionsraum und zur Habitatnutzung mittels Satelliten-Telemetrie im Brutgebiet der Eider-Treene-Sorge-Niederung, Schleswig-Holstein. Bachelorarbeit Leuphana Universität Lüneburg.

109. Meybohm E. & G. Dahms 1975: Über Altersaufbau, Reifealter und Ansiedlung beim Weißstorch (*C. ciconia*) im Nordsee-Küstenbereich. Die Vogelwarte 28: 44–61.

110. Meybohm E. 1996: Über den Zusammenhang von Ankunft, Wetter und Bruterfolg beim Weißstorch (*C. ciconia*). In: Kaatz C. & Me. Kaatz (Hrsg.): 1. Jubiläumsband Weißstorch – 1. Jubilee Edition White Stork. Tagungsbandreihe des Storchenhofes Loburg: 77–80.

111. Meyer W., G. Eilers & A. Schnapper 2003: Müll als Nahrungsquelle für Säugetiere und Vögel. Die Neue Brehm-Bücherei Bd. 650. Westarp Wissenschaften, Hohenwarsleben.

112. Mock D. W. 1984: Infanticide, siblicide and avian nestling mortality. In: Hausfater G. & S. B. Blaffer Hrdy (eds.) Infanticide: comparative and evolutionary perspectives. Aldine, New York, 3–30.

113. Moritzi M., L. Maumary, D. Schmid, I. Steiner, L. Vallotton, R. Spaar & O. Biber 2001: Time budget, habitat use and breeding success of White Storks *Ciconia ciconia* under variable foraging conditions during the breeding season in Switzerland. Ardea 89 (3): 457–470.

114. Mullié W. C., J. Brouwer & P. Scholte 1995: Numbers, distribution and habitat of wintering White Storks in the east-central Sahel in relation to rainfall, food and anthropogenic influences. In: O. Biber, P. Enggist, C. Marti & T. Salathé (eds.): Proceedings of the International Symposium on the White Stork (Western Population). 7th–10th April 1994, Basel: 219-240.

115. Newton I. (ed.) 1992: Lifetime Reproduction in Birds. Academic Press, London.

116. Niepmann J., S. Löb & D. Zimmermann (2017/18): Vergleich der West- und Ostzugroute von Weißstörchen in Europa durch eine Lebensraumanalyse der Rastplätze GIS-Projekt WS 2017/18. Hochschule für Forstwirtschaft Rottenburg und Max-Planck-Institut für Ornithologie.

117. O'Connor R. J. 1978: Brood reduction in birds: Selection for fratricide, infanticide and suicide? Animal Behaviour 26 (1): 79–96. DOI 10.1016/0003-3472(78)90008-8.

118. Olias P., A. D. Gruber, W. Boehmer, H. M. Hafez & M. Lierz 2010: Fungal Pneumonia as a Major Cause of Mortality in White Stork (*Ciconia ciconia*) Chicks. Avian Diseases 54: 94–98.

119. Orłowski G., Z. Ksiazkiewicz-Parulska, J. Karg, M. Bochenski, L. Jerzak & K. Zub 2016: Using soil from pellets of White Storks *Ciconia ciconia* to assess the number of earthworms (Lumbricidae) consumed as primary and secondary prey. Ibis 158: 587–597.

120. Papi F., M. Apollonio, B. Vaschetti & S. Benvenuti 1997: Satellite tracking of a White Stork from Italy to Morocco. Behavioural Processes 39: 291–294.

121. Peris S. J. 2003: Feeding in urban refuse dumps: ingestion of plastic objects by the White Stork (*Ciconia ciconia*). Ardeola 50 (1): 81–84.

122. Pfeifer R. 1996: Fremdstoffkonglomerate im Muskelmagen als Todesursache bei nestjungen Weißstörchen *Ciconia ciconia*. Ornithologischer Anzeiger 35: 194–197.

123. Pineda-Pampliega J., Y. Ramiro, A. Herrera-Dueñas, M. Martinez-Haro, J. M. Hernández, J. I. Aguirre & U. Höfle 2021: A multidisciplinary approach to the evaluation of the effects of foraging on landfills on white stork nestlings. Science of the Total Environment 775. DOI 10.1016/j.scitotenv.2021.145197.

124. Post H., F. Rueb & R. Beltermann 1991: Geschlechtsbestimmung beim Weißstorch (*Ciconia ciconia*). Journal für Ornithologie 132: 99–101.

125. Profus P., P. Tryjanowski, S. Tworek & P. Zduniak 2004: Intrapopulation variation of egg size in the White Stork (*Ciconia ciconia*) in southern Poland. Polish Journal of Ecology 52 (1): 75–78.

126. Ptaszyk J., J. Kosicki, T.H. Sparks & P. Tryjanowski 2003: Changes in the timing and pattern of arrival of the White Stork *Ciconia ciconia* in western Poland. Journal für Ornithologie 144: 323–329.

127. Radkiewicz J. 1986: Gibt es eine Bigamie beim Weißstorch (*Ciconia ciconia*)? Ornithologische Mitteilungen 38 (6): 139.

128. Raschig P. 2008: Bigamie beim Weißstorch nachgewiesen! – In: Kaatz, C. & Me. Kaatz (Hrsg.): 3. Jubiläumsband Weißstorch – 3. Jubilee Edition White Stork. Tagungsbandreihe des Storchenhofes Loburg: 429–430.

129. Rath B. 2021: Maulwurf, Regenwurm und Co.: Schauen und Wissen! Hase und Igel Verlag GmbH, München.

130. Redondo T., F. S. Tortosa & L. Arias de Reyna 1995: Nest switching and alloparental care in colonial white storks. Animal Behaviour 49: 1097–1110.

131. Reither H. 2001: Kunststoff-Müll bedroht Weißstörche (*Ciconia ciconia*). Beiträge zur Naturkunde Niedersachsens 54: 72–78.

132. Rodríguez E.M. 1995: El uso de vertederos por la Cigüeña Blanca como nuevas fuentes de alimentación. In: Biber O., P. Enggist, C. Marti & T. Salathé (eds.): Proceedings of the International Symposium on the White Stork (Western Population). 7th–10th April 1994, Basel: 159–162.

133. Rotics S., M. Kaatz, Y.S. Resheff, S. Feldman, S. Turjeman, D. Zurell, N. Sapir, U. Eggers, A. Flack, W. Fiedler, F. Jeltsch, M. Wikelski & R. Nathan 2016: The challenges of the first migration: movement and behaviour of juveniles vs. adult white storks with insights regarding juvenile mortality. Journal of Animal Ecology 85: 938–947. DOI 10.1111/1365-2656.12525.

134. Rotics S., S Turjeman, M. Kaatz, Y.S. Resheff, D. Zurell, N. Sapir, U. Eggers, W.F. Fiedler, A. Flack, F. Jeltsch, M. Wikelski & R. Nathan 2017: Wintering in Europe instead of Africa enhances juvenile survival in a long-distance migrant. Animal Behaviour 126: 79–88. DOI 10.1016/j.anbehav.2017.01.016.

135. Ryan P. G. 1987: The effects of ingested plastic on seabirds: Correlations between plastic load and body condition. Environmental Pollution 46 (2): 119–125. DOI 10.1016/0269-7491 (87)90197-7.

136. Ryan P.G. 1988: Effects of ingested plastic on seabird feeding: Evidence from chickens. Marine Pollution Bulletin 19 (3): 125–128.

137. Sackl P. 1987: Über saisonale und regionale Unterschiede in der Ernährung und Nahrungswahl des Weißstorches (*Ciconia c. ciconia*) im Verlauf der Brutperiode. Egretta 30 (2): 49–80.

138. Saether B.-E., V. Grøtan, P. Tryjanowski, C. Barbraud, S. Engen & M. Fulin 2006: Climate and spatio-temporal variation in the population dynamics of a long distance migrant, the white stork. Journal of Animal Ecology 75: 80–90.

139. Salathé R. 1996: Storchen-ABC. Vom Storchenleben und Storchenglauben in der Schweiz, Europa und in Afrika. Friedrich Reinhardt Verlag Basel.

140. Samusenko I. 2014: Some aspects of White Stork *Ciconia ciconia* population dynamics in the region of Chernobyl's accident. In: Anselin A. (ed.): Bird Numbers 1995, Proceedings of the International Conference and 13th Meeting of the European Bird Census Council, Pärnu, Estonia. Bird Census News 13 (2000): 157–160.

141. Sasvári L. & Z. Hegyi 2001: Condition-dependent parental effort and reproductive performance in the White Stork *Ciconia ciconia*. Ardea 89 (2): 281–291.
142. Schaffer T. 1999: Parasitologische Untersuchungen an der Wirtsspezies Weißstorch (*Ciconia ciconia*). In: Kaatz C. & M. Kaatz (Hrsg.): Tagungsband 1999 – 6. und 7. Sachsen-Anhaltischer Storchentag 1997/1998, Tagungsbandreihe des Storchenhofes Loburg im MLRU-LSA: 139–145.
143. Schaub M., K. Wojciech & U. Köppen 2005: Variation of primary production during winter induces synchrony in survival rates in migratory white storks *Ciconia ciconia*. Journal of Animal Ecology 74: 656–666.
144. Schulz H. 1987: Thermoregulatorisches Beinkoten des Weißstorchs (*Ciconia ciconia*). Analyse des Verhaltens und seiner Bedeutung für Verluste bei beringten Störchen im afrikanischen Winterquartier. Die Vogelwarte 34: 107–117.
145. Schulz H. 1988: Weißstorchzug – Ökologie, Gefährdung und Schutz des Weißstorchs in Afrika und Nahost. Umweltstiftung WWF-Deutschland und International Council for Bird Preservation (Hrsg.): WWF-Umweltforschung, 3. Verlag Josef Margraf, Weikersheim.
146. Schulz H. 1993: Der Weißstorch: Lebensweise und Schutz. Naturbuch Verlag, Augsburg.
147. Schulz H. 1995: Zur Situation des Weißstorchs auf den Zugrouten und den Überwinterungsgebieten. In: Biber O., P. Enggist, C. Marti & T. Salathé (eds.): Proceedings of the International Symposium on the White Stork (Western Population). 7th–10th April 1994, Basel: 27–48.
148. Schulz H. 2019: Boten des Wandels. Den Störchen auf der Spur. Rowohlt Polaris, Hamburg.
149. Schüz E. 1942: Bewegungsnormen des Weißen Storchs. Zeitschrift für Tierpsychologie 5: 1–37. DOI 10.1111/j.1439-0310.1942.tb00644.x.
150. Schüz E. 1959: Problems about the White Stork *Ciconia ciconia* in Africa seen from a European Viewpoint. Ostrich 30 (1): 333–341. DOI 10.1080/00306525.1959.9633343.
151. Schüz E. 1984: Über Syngenophagie, besonders Kronismus. Ein Beitrag zur Ethologie speziell des Weißstorchs. Ökologie der Vögel 6: 141–158.
152. Stacey P. B. & W. D. Koenig (eds.) 1990: Cooperative breeding in birds. Long-term studies of ecology and behavior. Cambridge University Press, Cambridge.
153. Storch Schweiz – Cigogne Suisse 2005-2023 (Hrsg.): Bulletin 35–52.
154. Struwe B. & K.-M. Thomsen 1991: Untersuchungen zur Nahrungsökologie des Weißstorches (*Ciconia ciconia*, L. 1758) in Bergenhusen 1989. Corax 14: 210–238.
155. Thomsen K.-M. 1995: Auswirkungen moderner Landbewirtschaftung auf die Nahrungsökologie des Weißstorchs. In: Biber O., P. Enggist, C. Marti & T. Salathé (eds.): Proceedings of the International Symposium on the White Stork (Western Population). 7th–10th April 1994, Basel: 121–134.
156. Tobółka M. 2014: Importance of juvenile mortality in birds' population: early post-fledging mortality and causes of death in White Stork *Ciconia ciconia*. Polish Journal of Ecology 62: 807–813.
157. Tobółka M., K. M. Zolnierowicz & N. F. Reeve 2015: The effect of extreme weather events on breeding parameters of the White Stork *Ciconia ciconia*. Bird Study 62: 377–385. DOI 10.1080/00063657.2015.1058745.
158. Tortosa F. S. & T. Redondo 1992a: Frequent copulations despite low sperm competition in White Storks (*Ciconia ciconia*). Behaviour 121 (3/4): 288–315.
159. Tortosa F. S. & T. Redondo 1992b: Motives for parental infanticide in White Storks *Ciconia ciconia*. Ornis scandinavica 23: 185–189.
160. Tortosa F. S., M. Máñez & M. Barcell 1995: Wintering White Storks (*Ciconia iconia*) in South West Spain in the years 1991 and 1992. Die Vogelwarte 38: 41–45.
161. Tortosa F. S. & F. Castro 2003: Development of thermoregulatory ability during ontogeny in the white stork *Ciconia ciconia*. Ardeola 50 (1): 39–45.

162. Tortosa F.S., J.M. Caballero & J. Reyes-López 2002: Effect of Rubbish Dumps on Breeding Success in the White Stork in Southern Spain. Waterbirds 25 (1): 39–43.
163. Tortosa F.S., L. Pérez & A. Hillström 2003: Effect of food abundance on laying date and clutch size in the White Stork *Ciconia ciconia*. Bird Study 50: 112–115. DOI 10.1080/00063650309461302.
164. Tryjanowski P., T.H. Sparks, M. Bochenski, M. Dabert, M. Kasprzak, P. Kaminski, S. Mroczkowski, E. Wisniewska & L. Jerzak 2011: Do males hatch first and dominate sex ratios in White Stork *Ciconia ciconia* chicks? Journal of Ornithology 152: 213–218. DOI 10.1007/s10336-010-0571-3.
165. Tryjanowski P., T.H. Sparks & P. Profus 2005: Uphill shifts in the distribution of the white stork *Ciconia ciconia* in southern Poland: the importance of nest quality. Diversity and Distributions 11: 219–223. DOI 10.1111/j.1366-9516.2005.00140.x.
166. Tryjanowski P., T.H. Sparks, J. Ptaszyk & J. Kosicki 2004: Do White Storks *Ciconia ciconia* always profit from an early return to their breeding grounds? Bird Study 51: 222–227.
167. Tsachalidis E.P., V. Liordos & V. Goutner 2005: Growth of White Stork *Ciconia ciconia* nestlings. Ardea 93 (1): 133–137.
168. Turjeman S. F., A. Centeno-Cuadros, U. Eggers, S. Rotics, J. Blas, W. Fiedler, M. Kaatz, F. Jeltsch, M. Wikelski & R. Nathan 2016: Extra-pair paternity in the socially monogamous white stork (*Ciconia ciconia*) is fairly common and independent of local density. Scientific Reports 6: 27976. DOI 10.1038/srep27976.
169. Vergara P. & J.I. Aguirre 2006: Age and breeding success related to nest position in a White stork *Ciconia ciconia* colony. Acta Oecologica 30: 414–418. DOI 10.1016/j.actao.2006.05.008.
170. Vergara P., J.I. Aguirre, J.A. Fargallo & J.A. Dávila 2006: Nest-site fidelity and breeding success in White Stork *Ciconia ciconia*. Ibis 148 (4): 672–677. DOI 10.1111/j.1474-919x.2006.00565.x.
171. Vergara P., J.I. Aguirre & M. Fernández-Cruz 2007: Arrival date, age and breeding success in white stork *Ciconia ciconia*. Journal of Avian Biology 38: 573–579. DOI 10.1111/j.2007.0908-8857.03983.x.
172. Völlm J. 1995: Todesursachen von Weissstörchen. In: Biber O., P. Enggist, C. Marti & T. Salathé (eds.): Proceedings of the International Symposium (Western Population). 7th–10th April 1994, Basel: 349–358.
173. Ward P. & A. Zahavi 1973: The importance of certain assemblages of birds as «information centres» for food-finding. Ibis 115 (4): 517–534. DOI 10.1111/j.1474-919X.1973.tb01990.x.
174. Wetlands International 2020: Waterbird Population Estimates. wpe.wetlands.org, 2020.
175. Widmer I., R. Mühlethaler, B. Baur, Y. Gonseth, J. Guntern, G. Klaus, E. Knop, T. Lachat, M. Morotti, D. Pauli, L. Pellissier, T. Sattler & F. Altermatt 2021: Insektenvielfalt in der Schweiz: Bedeutung, Trends, Handlungsoptionen. Swiss Academies Reports 16 (9).
176. Witzchel A. 1866: Sagen aus Thüringen. Wilhelm Braumüller, Wien. Nachdruck Hansebooks, 2016.
177. Wuczyński A. 2005: The turnover of White Storks *Ciconia ciconia* on nests during spring migration. Acta Ornithologica 40: 83–85. DOI 10.3161/068.040.0104.
178. Zieliński P. 2002: Brood reduction and parental infanticide – are the White Stork *Ciconia ciconia* and the Black Stork *C. nigra* exceptional? Acta Ornithologica 37: 113–119.
179. Zöllick H.-H. 2001: Zu Verlusten und deren Ursachen beim Weißstorch im Raum Rostock. In: Kaatz C. & M. Kaatz (Hrsg.): 2. Jubiläumsband Weißstorch – 2. Jubilee Edition White Stork. Tagungsbandreihe des Storchenhofes Loburg: 200–202.
180. Zolnierowicz K.M., M. Ondrova-Nyklowa & M. Tobółka 2016: Sex differences in preening behaviour in the White Stork *Ciconia ciconia*. Polish Journal of Ecology 64: 406–410. DOI 10.3161/15052249PJE2016.64.3.012.

Allgemeine Internet-Adressen

181. Associazione Centro Cigogne e Anatidi, Storchenzentrum in Racconici/Italien: https://cicogneracconigi.it
182. FAO Desert Location Information Service 2017: http://www.fao.org/ag/locusts/common/ecg/2331/en/DL_1860_2017.jpg
183. Juragewässerkorrektionen: https://www.digibern.ch/katalog/juragewaesserkorrektion
184. Movebank for animal tracking data: https://www.movebank.org/cms/movebank-main
185. Natur- und Vogelschutzverein Münsingen: https://nvvm.birdlife.ch/node/137
186. Renaturierungsfonds: https://www.weu.be.ch/de/start/themen/jagd-fischerei/fischerei/renaturierungsfonds.html
187. Schweizerische Vogelwarte Sempach: https://www.vogelwarte.ch/de/voegel/voegel-der-schweiz/weissstorch
188. Screenshot application: https://icyscreen.en.uptodown.com/windows
189. SOS Storch – Storchenzug im Wandel (Projekt der Gesellschaft Storch Schweiz): https://projekt-storchenzug.com
190. Storch Schweiz – Cicogne Suisse: https://www.storch-schweiz.ch
191. Swisstopo, Bundesamt der Landestopografie, Schweizerische Eidgenossenschaft: https://map.geo.admin.ch (Zeitreise – Kartenwerke)
192. TuTiempo.net (Wetter- und Klimadaten weltweit):https://en.tutiempo.net/africa.html

Webcams von Storchennestern

193. Übersicht Webcams: http://www.storchenelke.de/storchen_webcams.htm
194. Altreu: https://www.infowiti.ch/infozentrum/live-nestkamera
195. Bern: https://www.berner-storch.ch
196. Lachen am See: https://www.twitch.tv/ricola71
197. Möhlin: https://www.moehlin-natur.ch
198. Münchenbuchsee: https://storch.laebihus.ch/cgi-bin/view.pl
199. Münsingen: https://www.pzmag.ch/webcam-stoerche
200. Uznach: http://storchenverein-uznach.ch/wp/cam/
201. https://grupaekologiczna.org.pl
202. http://heliantus.org/index.php/monitoring-bocianiego-gniazda/podglad-na-zywo
203. http://kerekegyhaza.net/golya/
204. https://kocser.hu/golyakamera/
205. https://lookcam.pl/strzelce-bocianie-gniazdo/
206. https://madarles.hu/feher-golyak-sagvar
207. https://www.storchennest-fohrde.de/webcams/storchennester
208. https://www.tvsyd.dk/storkereden
209. Webcams in Madrigal de las Altas Torres, Alfaro und in Gniazdo: wechselnde youtube-URLs

Register

Ackerland 41, 50, 56, 148–150, 155, 219, 222
Afrika 31, 33, 65, 132, 161, 164–174, 183–194, 227, 232
Aggressionen 104, 116, 119, 130
Ägypten 164, 170, 175, 176
Algerien 164, 175
Altreu 36, 37, 56, 68, 78, 98, 115, 116, 126, 138, 141, 146, 150, 154, 155, 198, 220, 223, 233
Ankunft 65–67, 173, 196
Armschwingen 26–27, 100
Asynchrones Schlüpfen 108, 110, 112
Aussterben 32, 35–39
Avenches 36, 141, 146

Bebrütung 96–98
Beinkoten 180, 182, 240
Bejagung 35, 192–193
Beschädigungskämpfe 68
Bestandsentwicklung 31, 41, 230
Beutetiere 44–45, 48–52, 70, 144, 150, 186, 219, 232
Biebrza 41, 45, 126, 151, 184
Bloesch, Max 106, 113, 115, 198, 233
Bosporus 31, 161, 164, 170
Brutbeginn 68
Brutdauer 97
Bruterfolg 32, 38–39, 56, 58, 68, 134–142, 224
Brutgebiet 26, 31–33, 41, 65–68, 125, 141, 147, 173, 180, 194, 196, 205
Brutpaar 37, 114, 137
Brutreduktion 112, 137
Brutzeit 26, 56, 151, 219

Cabo Sardâo 71, 77
Čigoć 76
Corti, Ulrich A. 31–32, 113, 128

Degradation 191, 240
Desertifikation 240
Deutschland 35, 164, 166, 171, 198
Dreierbeziehung 114, 115
Dunenkleid 100–101, 142
Durchzugsgebiet 33
Dürre 186–191

Eier 97–99, 108
Elbtalauen 138, 151
Entwässerung 32, 41, 221

Fallenfang 192
Feinde 205
Feldbearbeitung 147–150, 155, 221
Fettdepot 175
Feuchtgebiete 44–45, 50, 168, 186, 188, 190–191, 194, 222
Fische 51, 54, 104, 219
Fitness 108, 112–113, 137, 139, 142, 144, 219, 220, 240
Flugleistung 26, 175, 177
Flugübungen 100, 120–121
Flusslandschaften 31, 45, 54, 190, 221, 226
Freileitungen 32, 141, 155, 157, 205, 207, 209
Fremdpaarungen 79
Fütterung 56, 102–105, 116, 150, 154–156

Gefährdung 221
Gefahren 142–146, 157, 186, 213
Gefiederpflege 79, 100
Gefiederwechsel 26–27
Gelegegröße 97–99, 108, 112, 137
Geschlechtsbestimmung 15
Geschlechtskonflikt 94–95
Gewässer 50, 222
Gewässerkorrektionen 32, 41, 46–47, 221
Gibraltar 31, 161, 164, 166, 172–173, 183
Gift 190, 192, 194, 205
Golf von Iskenderun 170
Golf von Suez 161, 164, 170, 183
Grasland 148, 150, 155, 166, 191, 194–195, 219, 222
Grossaffoltern 141

Habitat 42–50, 194, 240
Handschwingen 26–27, 100
Hassen 205, 240
Heimzug 35, 173, 175
Helfer 114–115
Herbstzug 26, 51, 79, 161, 166, 177, 196
Heuschrecken 168–170, 186, 190, 192, 222
Hitze 104, 142, 180, 186, 219
Hombrechtikon 36, 141

Horst 7, 18, 24, 32, 38, 49, 56, 62–81, 84–87, 91–92, 98, 104, 107, 114–115, 120, 125–130, 139, 150–152, 157, 173, 196, 213, 232
Horstkämpfe 68–69, 139, 209
Hudern 110, 142, 240
Hungerstreifen 220

Iberische Halbinsel 31, 33, 198
Infantizid 99, 110–113, 240
Informationszentren 132
Insekten 48, 52, 104, 147, 150, 168, 190, 192, 196, 222, 227
Intertarsalgelenk 220, 240
Israel 60, 65, 125, 170, 175, 195
Italien 35, 174, 192

Jagd 192–194
Jugendjahre 122–133
Jungenzahl 139
Jungstörche 58, 100, 115–133, 157, 177, 194, 205, 207
Jungvögel 97, 103–104

K-Stratege 154, 240
Kälte 65, 180, 198, 200–201
Kamerun 166, 168, 191
Kasachstan 33
Kindstötung 99, 110–113, 240
Klappern 16–23, 132
Klima, Klimawandel 144, 186, 219, 226–227, 232
Kokzidien 207, 240
Kolonie 70, 84, 125–128, 138, 140–141
Kommunikation 16, 18, 79
Kooperatives Brüten 114–115
Kopulation 15, 18, 82–83, 91–92
Krankheiten 110, 112, 142, 145, 196, 207
Kulturfolger 48, 71
Kulturland 8, 41, 48, 146–147, 155, 206, 221–222, 233
Kurzstreckenzieher 194

Landwirtschaft 32, 35, 41, 48, 147–149, 186, 206, 212, 221–222
Langstreckenzieher 31, 161
Lebensraum 31, 42–50, 56, 147, 190, 219, 221–222, 232
Legebeginn 67, 196
Legeperiode 97
Lilienthal, Otto 24
Los Barruecos 71–75
Lungenentzündung 142, 145

Magenüberfüllung 146
Maghreb 164, 175
Mali 164–166, 180, 186–189, 192
Malpartida de Cáceres 71–75
Mangel 144, 220
Männchen 14–15, 18, 66, 68, 78–84, 90–94, 98, 106, 114–115
Marchauen 45, 71, 138, 184
Marokko 31, 33, 51, 60–61, 65, 125, 157, 164–166, 172–175, 183, 192, 194–196
Mauretanien 164, 166, 175, 188–189, 192
Mauser 26–27
Merkmale 10–15
Mitteleuropa 31–33, 54, 65, 68, 146, 173, 219, 221, 227, 232
Mittelland 36, 46, 166
Mittelmeer 161–164, 174
Möhlin 36, 141
Monogamie 79, 91
Müll 202–205, 210–215
Mülldeponie 51, 58–61, 141, 166, 194–196, 226, 232
Murimoos 36, 141

Nachgelege 97
Nahrung 54–55, 66, 144, 146–147, 155, 168, 219
Nahrungsangebot 97, 125, 154, 168–170, 184, 188, 199, 222, 232
Nahrungsmangel 104, 146, 148
Nahrungssuche 46, 50–54, 56, 58, 70, 132, 147–153, 180, 196, 219, 232
Nahrungsvorkommen 110, 125, 137, 164, 184, 188, 194–196, 226
Nestbau 79
Nestbewachung 106–107
Nesthäkchen 108, 110–112
Nestlingssterblichkeit 139, 145
Nestlingszeit 67, 97–98, 100–113, 116–121, 240
Neststandorte 70–71, 78, 126, 232
Nestwechsel 116–119
Neunkirch 32
Nichtbrüter 26, 58, 99, 124–126, 131
Nichtzieher 198, 227
Niederschläge 184–191
Niger 164–166, 168, 186–192
Nistmaterial 66, 71, 84–87, 142, 213–215
Nistplatz 70–71, 78, 126, 232

Ostafrika 31, 125, 164, 170, 173, 184, 227
Osteuropa 41, 54, 230
Osteuropäische Population 31, 41, 221
Ostroute 60–61, 164, 172, 183, 232
Ostzieher 31, 35, 65, 67, 164–165, 168, 170–175, 183–184, 188, 190, 199, 241

Paarbildung, Paarbindung 18, 78–81
Paarung 15, 18, 82–83, 91–92
Parasiten, Parasitierung 144, 207, 241
Pestizide 190, 192, 221
Pfeilstörche 193
Phänologie 67, 241
Pilzinfektion 139, 145–146, 207
Plastik, Plastikmüll 58–59, 196, 202–205, 210–215, 232
Polen 41, 45, 56, 65, 72, 126, 138, 161, 170, 184, 230
Polygynie 114–115
Portugal 51, 60–61, 71, 173, 198

Rachitis 220
Rastplätze 177, 190–191, 196, 232
Raumnutzung 58, 152–153, 241
Regen 168, 184, 188–189, 196, 227
Regenwürmer 45, 48–55, 104, 144–150, 219–220, 227, 232

Sahara 31, 33, 65, 164, 166, 175–176, 194
Sahelzone 31, 65, 125, 157, 164–175, 183–196, 227
Savanne 166, 168–170, 186–188
Save-Auen 9, 45, 77, 138, 151, 184
Schimmelpilz 145
Schlafplatz 19, 120, 132–133, 166, 190, 196, 232
Schlupfdatum 97
Schlupferfolg 99
Schlüpfgewicht 110–112
Schmalfrontzug 170
Schweiz 31–32, 36–38, 65, 141, 146, 166, 198, 224, 233
Schwingenmauser 26–27, 241
Segelflug 24, 175–176, 183
Senderstörchin EUROPA 151–153
Senegal 164–166, 168, 186, 190
Sennwald Saxerried 141, 146
Spanien 7, 31, 51, 60–61, 65, 125, 132, 157, 161–166, 172–173, 192, 194–198, 226, 230
Speiballen 54, 146
Speiseabfälle, Speisereste 51, 58–59, 196
Spielnest 126
Staffelmauser 26
Stangendörfer 70–72
Sterblichkeit 35, 118, 139–146, 157, 177, 224
Stimmkopf 16, 241
Storchengerichte 91, 130–131
Störenfriede 128–129
Störungsjahre 32, 38, 137, 183, 241
Stromschlag 32, 72, 207, 209
Südafrika 31, 125, 161, 164, 170, 173, 183–184, 188, 199
Sudan 65, 164, 170, 173, 176, 188
Südfrankreich 7, 35, 166, 174, 194, 196

Territorialität 70
Thermik 24, 161–163, 175–176, 183
Thermoregulation 180–182, 240–241
Tierpark Lange Erlen Basel 36, 141
Todesursache 146, 177, 192, 196, 205, 207, 213, 227
Transsaharazieher 65, 241
Trockenheit 137, 144, 186, 219, 240
Tschad, Tschadsee 65, 161, 164–166, 168–175, 188–192
Tschernobyl 206
Tunesien 164, 174–175
Turkestan 33

Überlebensrate 145, 184–186, 194–196, 224
Überschwemmungslandschaft 45–47, 190, 219, 221
Überwinterungsgebiet 24, 26, 31, 33, 58, 125, 146, 173, 180, 186–194, 205, 227, 232
Usbekistan 33, 199
Uznach 36, 141, 146

Vaterschaft 91
Verbreitung 28–36
Vorkommen 28–36
Weibchen 14–15, 18, 66, 78–82, 90–98, 106, 114
Weibchen-Bewachung 91
Westeuropäische Population 31, 58, 195, 230
Westroute 164, 172
Westzieher 31, 35, 65, 67, 164–168, 172–173, 177, 183–184, 188–190, 226, 241
Wetter 7, 32, 45, 65, 91, 97, 110, 137, 142–146, 150, 179–184, 198, 219, 227
Wiederansiedlungsprogramm 32, 37
Wintergebiet, Winterquartier 26, 33, 51, 79, 157, 168, 172–175, 186
Witischutzzone 223, 233
Wüste 171–176, 180, 186, 194, 227

Zoo Basel 36, 56, 141, 146
Zoo Zürich 36, 141, 146
Zug 158–179, 183–195, 198–199
Zuggeschwindigkeit 176, 183
Zugroute 7, 31–33, 125, 164–177, 183, 186, 192, 196
Zugscheide 164, 170, 175, 241
Zugstrategie 139, 194
Zugverhalten 67, 172, 194–199

Sie möchten nichts mehr verpassen?

Folgen Sie uns auf unseren Social-Media-Kanälen und bleiben Sie via Newsletter auf dem neuesten Stand

www.haupt.ch/informiert

1. Auflage: 2024

ISBN 978-3-258-08354-4

Text und Fotos: © Lorenz Heer
Lektorat: Lisa Vogel
Umschlag, Gestaltung und Satz: pooldesign.ch

Alle Rechte vorbehalten.
Copyright © 2024 Haupt Verlag, Bern
Jede Art der Vervielfältigung ohne Genehmigung des Verlags ist unzulässig.

Wir verwenden FSC®-zertifiziertes Papier. FSC® sichert die Nutzung der Wälder gemäß sozialen, ökonomischen und ökologischen Kriterien.
Gedruckt in Tschechien

Diese Publikation ist in der Deutschen Nationalbibliografie verzeichnet.
Mehr Informationen dazu finden Sie unter http://dnb.dnb.de.

Der Haupt Verlag wird vom Bundesamt für Kultur für die Jahre 2021–2024 unterstützt.

Wir verlegen mit Freude und großem Engagement unsere Bücher. Daher freuen wir uns immer über Anregungen zum Programm und schätzen Hinweise auf Fehler im Buch, sollten uns welche unterlaufen sein. Falls Sie regelmäßig Informationen über die aktuellen Titel im Bereich Natur & Garten erhalten möchten, folgen Sie uns über Social Media oder bleiben Sie via Newsletter auf dem neuesten Stand.

www.haupt.ch